钢结构详图设计快速入门

——XSteel 软件实操指南与技巧

苏翠兰　编著

中国建筑工业出版社

图书在版编目(CIP)数据

钢结构详图设计快速入门——XSteel 软件实操指南与技巧/苏翠兰编著.—北京:中国建筑工业出版社,2010.9(2025.7重印)

ISBN 978-7-112-12340-7

Ⅰ.①钢… Ⅱ.①苏… Ⅲ.①钢结构—结构设计:计算机辅助设计—应用软件,Xsteel Ⅳ.①TU391.04-39

中国版本图书馆 CIP 数据核字(2010)第 155335 号

本书是钢结构深化设计人员(详图设计人员)的入门及实际操作必备参考书,全书共4章,分别就钢结构深化设计人员应掌握的基本知识、应具备的能力、钢结构施工详图的绘制方法和要点等进行了详细介绍,并对深化设计软件 Telka(Xsteel)操作方法、有关技巧和使用中的常见问题与解决方法进行了详尽阐述。全书内容实用,图文并茂,是钢结构详图设计人员入门及提高的必备参考书,也可作为大中专院校相关专业师生的教学参考书。

*　　　*　　　*

责任编辑:范业庶
责任设计:陈　旭
责任校对:张艳侠　赵　颖

钢结构详图设计快速入门
——XSteel 软件实操指南与技巧
苏翠兰　编著

*

中国建筑工业出版社出版、发行(北京西郊百万庄)
各地新华书店、建筑书店经销
北京永峥排版公司制版
北京凌奇印刷有限责任公司印刷

*

开本:787×1092毫米　1/16　印张:14¾　字数:359千字
2010年12月第一版　2025年7月第十次印刷
定价:**35.00**元
ISBN 978-7-112-12340-7
(19606)

版权所有　翻印必究
如有印装质量问题,可寄本社退换
(邮政编码　100037)

前　言

随着我国建筑业的不断发展，钢结构是目前广泛应用的一种建筑结构。近年来，有许多钢结构加工厂如雨后春笋般成立，据不完全统计，仅北京市就有钢结构加工厂千余家，但是大多数厂家钢结构深化设计的力量还是不够强大，另外大部分有总包资质的建筑企业内部缺少优秀的钢结构专业技术人员，其深化设计能力尤其薄弱，都有待大幅度提高。随着钢结构行业的不断发展，优秀钢结构人才将会出现紧缺现象，社会也将加大对钢结构深化设计人才的需求。

本书是作者结合自己多年的钢结构深化设计经验，参考各方面文献资料，综合国内钢结构深化设计现状而编写的，并将自己使用 Tekla（Xsteel）软件做深化设计的感受和经验与大家分享。期待钢结构深化设计工作在钢结构工程施工的各个环节发挥最大效用，期待更多的人了解钢结构施工详图的绘制及钢结构深化设计管理的特点和常用的方法，提高钢结构深化设计工作的安排、组织与管理水平，提高从事钢结构深化设计工作人员的业务水平。

本书将深化设计管理和钢结构施工详图绘制过程中需要注意的事项都作了特别强调。由于作者工作经验和水平有限，书中难免存在欠缺和错误，恳切希望广大读者对本书批评指正，以便有机会进一步修改和完善。

目　　录

第1章 钢结构深化设计师应掌握的知识

1.1 钢 材 知 识

1.1.1 钢材的牌号

钢材已成为建筑工程中不可缺少的工程材料。建筑用钢材可以分为钢结构用钢材及土建用钢材。土建钢材主要为螺纹钢、圆钢、线材及型钢等。本书只讨论建筑结构中钢结构用钢材。

承重钢结构的钢材以采用现行国家标准《碳素结构钢》GB/T 700-2006 中的 Q235 钢和《低合金高强度结构钢》GB/T 1591-2008 中的 Q345、Q390 和 Q420 钢为主。当采用其他牌号的钢材时，尚应符合相应有关标准的规定和要求。

为了把某一钢种的特性很好地反映出来，便产生了具体反映钢材本身特性的简单易懂的符号，就是所谓的 Q235、HPB235（20MnSi）等这些表示钢的钢牌号。我们国家钢牌号的命名，采用汉语拼音字母、化学元素符号及阿拉伯数字相结合的方法表示。下面说明碳素结构钢和低合金结构钢的钢牌号表示方法。

碳素结构钢的钢牌号由代表屈服强度的字母"Q"，屈服强度数值（MPa），质量等级符号 A、B、C、D 和脱氧方法符号等四个部分按顺序组成。例如，Q235-BF 表示如图 1-1 所示。

在牌号组成表示中，"Z"与"TZ"符号可以省略。例如，质量等级为 D 的 Q235 钢的牌号为 Q235-D-TZ，其中"TZ"可省去，因为 D 类钢均为特殊镇静钢。

在碳素结构钢中，钢号越大，含碳量越高，强度也随之越高，但塑性和韧性降低。在承重结

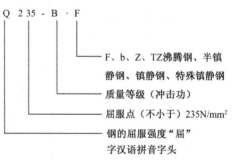

图 1-1 钢号及其代表含义

构钢中，经常采用掺加合金元素的低合金钢。其强度高于碳素结构钢，强度的增高不是靠增加含碳量，而是靠加入合金元素的程度，所以其韧性并不降低。在低合金钢中 Q345 钢（16Mn）的综合性能较好。

GB/T 1591 规定，低合金结构钢钢号命名参照国际标准，改用以屈服强度（MPa）命名，其前缀为"Q"，与碳素结构钢相同；并与 GB/T700 在强度上形成系列牌号。有 5 个强度等级系列和牌号：Q295、Q345、Q390、Q420、Q460，而且有 5 个质量等级（冲击功）A、B、C、D、E。其牌号表示：如原来 16Mn 钢，现在为 Q345，如果是 D 级钢，其新牌号为 Q345-D；原来 15MnTi 钢，新牌号为 Q390 等。但专用的低合金钢仍采用 GB/T221 规定的

表示方法，表示方法与合金结构钢相同。如 HRB335（20MnSi）就是合金钢的表示方法。

1.1.2　钢材的分类

（1）钢铁行业钢材分类。为了增强国内钢铁工业统计指标的科学性和与国际标准的可比性，提高钢铁工业现代化管理水平，从 2005 年 1 月 1 日起，钢铁行业在全国范围内推行新的统计指标体系，对钢材的分类作了较大调整，见表1-1。

钢铁行业钢材分类表　　　　　　　　　　　　　　表 1-1

序号	分类方式	分 类 名 称
1	按化学成分	非合金钢、低合金钢、合金钢（不含不锈钢）、不锈钢
2	按加工工艺	热轧钢材、冷轧（拔）钢材、镀涂层钢材、锻挤旋压钢材、其他加工工艺钢材
3	按品种	大型型钢、中小型型钢、棒材、钢筋
		特厚板、厚板、中板、热轧薄板、冷轧薄板、中厚宽钢带、热轧薄宽钢带、冷轧薄宽钢带、镀层板带、涂层板带、热轧窄钢带、冷轧窄钢带

（2）在建筑结构中对结构用钢材可按表1-2分类。

建筑钢结构钢材分类表　　　　　　　　　　　　　　表 1-2

序号	分类方法	分 类 名 称	备 注
1	按冶炼方法	平炉钢和电炉钢、氧气转炉钢或空气转炉钢	
2	按炼钢脱氧程度	沸腾钢（F）、半镇静钢（b）、镇静钢（Z）及特殊镇静钢（TZ）	
3	按钢的牌号	按屈服点数值命名，Q235 钢，其质量等级分为 A、B、C、D 四级	这四个等级与钢的化学成分、力学性能及冲击实验性能有关
4	按建筑用途分	碳素结构钢、焊接结构耐候、高耐候性结构钢和桥梁用结构钢等	
5	按化学成分分	碳素钢、合金钢	
6	按品质分	普通钢、优质钢、高级优质钢	

钢的分类方法只是简单地把某种具有共同特征的钢种划分或归纳为同一类型，而不是某一钢种具体特性的反映。上述的分类方法都较为常用，另外还有其他的分类方法。其实分类都会根据不同的需要或是不同的场合而采用不同的分类方法。在某些情况下，还会几种分类方法混合使用。

1.1.3　钢材的品种

在建筑结构中使用的钢材主要有热轧钢板、型钢以及冷弯成型的薄壁型钢等。

（1）钢板和钢带

它们的区别主要体现在其成品形状上。钢板是指平板状、矩形的，可直接轧制或由宽钢带剪切而成的板材。一般情况下，钢板是指一种宽厚比和表面积都很大的扁平钢材。钢带一般是指长度很长，一般以卷供应的钢板。

（2）型钢

①按材质分：按材质分有普通型钢和优质型钢。普通型钢由碳素结构钢和低合金高强度结构钢制成，一般用于建筑钢结构；优质型钢是优质钢，一般用于各种机器结构、工具及有特殊性能要求的结构。

②按生产方法分：按生产方法分有热轧型钢、冷弯型钢、冷拉型钢、挤压型钢和焊接型钢。

③按截面形状分：按截面形状分有圆钢、方钢、扁钢、六角钢、等边角钢、不等边角钢、工字钢、槽钢和异形型钢。

（3）钢管

钢管是一种具有中空截面的长条形管状钢材。与圆钢相比是一种经济截面钢材。广泛应用在制造结构件和各种机械零件，一般它分为圆钢管、方钢管、异形钢管等。

（4）钢筋及盘条

在混凝土结构中用到的钢筋及盘条较多。组合钢结构中涉及钢筋穿透钢构件的问题，可以参考组合钢结构方面的书籍。

1.1.4 建筑钢材的选用

建筑钢结构用钢材必须有足够的强度，良好的塑性、韧性、耐疲劳性和优良的焊接性能，且易于冷热加工成型，耐腐蚀性好。

碳素结构钢是最普遍的工程用钢，建筑钢结构中应用最多的碳素钢是 Q235，也是现行标准中质量等级最齐全的，其质量等级为 C、D 的，不论从含碳量控制严格程度和对冲击韧性的保证，都应优先为焊接结构所采纳使用。

部分重要结构设计中要求钢材采用具有 Z15、Z25、Z35 等 Z 向性能要求的材料。轻钢主结构多采用 Q235 型材料，重钢主结构多采用 Q345 型材料，预埋地脚螺栓多采用 HPB235（Q235）圆钢、或 HRB335（20MnSi）带肋钢筋，拉条多为热轧钢筋，另外角钢、槽钢、C 型钢、Z 型钢、H 型钢、工字钢等型钢也常有使用。

（1）结构钢材的选择

不同的结构对钢材要求不同，外界温度对钢材选用也有影响。选用时，需要对钢材的强度、塑性、耐疲劳性能、焊接性能、耐锈性能等各项性能全面考虑。

对于厚钢板结构、焊接结构、低温结构和采用含碳量高的钢材制作的结构，应防止脆性破坏；低温地区的露天或类似露天的焊接结构用沸腾钢时，钢板厚度不宜过大（表1-3）。

（2）钢材代用

加工单位或安装施工单位不宜随意更改或代用钢结构钢材。有时因为市场供应、采购周期、加工工艺或施工方法等原因有可能需要材料代换时，必须与设计单位共同研究确定。钢结构详图设计师提出材料代换时需要注意下述几点：

①如果钢材性能满足设计要求，而钢号质量低于设计要求时，一般不允许代用。如结构性质和使用条件允许，在材质相差不大的情况下，经设计单位同意并发出设计变更后，亦可代用。

序号	结构 类 型			计算温度（℃）	选用牌号
1	焊接结构	直接承受动力荷载的结构	重级工作制吊车梁或类似结构	—	Q235 镇静钢或 Q345 钢
2			轻、中级工作制吊车梁或类似结构	≤ −20	同序 1
3				> −20	Q235 沸腾钢
4		承受静力荷载或间接承受动力荷载的结构		≤ −30	同序 1
5				> −30	同序 3
6	非焊接结构	直接承受动力荷载的结构	重级工作制吊车梁或类似结构	≤ −20	同序 1
7			轻、中级工作制吊车梁或类似结构	> −20	同序 3
8				—	同序 3
9		承受静力荷载或间接承受动力荷载的结构			同序 3

②钢材的钢号和性能都与设计提出的要求不符时，如 Q235 钢代 Q345 钢，首先应根据上述规定检查是否合理，然后按钢材的设计强度重新计算，根据计算结果改变结构的截面、焊缝尺寸和节点构造。

③在普通碳素钢中，以 Q215 代 Q235 是不经济的，因为 Q215 的设计强度低，代用后结构的截面和焊缝尺寸都要增大很多。以 Q255 代 Q235，一般作为 Q235 的强度使用，但制作结构时应该注意冷作和焊接的一些不利因素。Q275 钢不宜在建筑结构中使用。

④钢材的规格尺寸与设计要求不同时，不能随意以大代小，须经计算后才能代用。

⑤如遇钢材市场供应不全情况，又须代换时，可根据钢材选择的原则灵活调整。建筑结构对材质的要求是：受拉构件高于受压构件，焊接结构高于螺栓或铆钉连接的结构，厚钢板结构高于薄钢板结构，低温结构高于常温结构，受动力荷载的结构高于受静力荷载的结构。如遇到含碳量高或焊接困难的钢材或节点，可改用螺栓连接或铸钢件连接，但需与设计单位商定。

⑥涉及国内钢材与国外钢材互相代换时，应验证其化学成分和机械性能是否满足相应钢号的标准。

1.2　结构概念及节点设计知识

1.2.1　结构概念

本节主要介绍不直接承受动力荷载或承受静力荷载情况的结构体系。

（1）门式刚架结构

①种类多样：门式刚架的种类很多，从外形分为单跨、双跨、多跨刚架，以及带挑檐的和带毗屋的刚架（图 1-2）；按构件体系则可分为实腹式和格构式两种；按截面形式可分为等截面和变截面；按结构选材可分为普通型钢、薄壁型钢、钢管或钢板焊接。

实腹式刚架的截面一般为工字形，格构式刚架的截面为矩形、梯形或三角形。

②门式刚架特点：

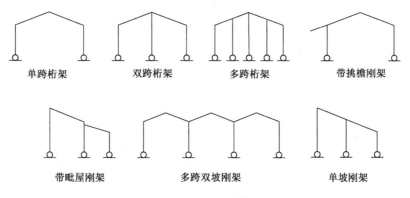

图 1-2　门式刚架种类

根据通风、采光等使用功能的需要，可以设置通风口、采光带及天窗架、电线支架等。

高度较高、跨度较大的刚架，一般宜采用变截面梁、柱。

非地震区或不要求抗震功能的支撑，一般采用张紧的圆钢。

结构构件基本采取工厂制作，工业化程度高。这也是钢结构工程的特点。

构件分段根据运输条件及现场吊车吊重进行分段，构件之间节点宜采用现场螺栓连接，安装方便快捷。

③适用范围：

门式刚架通常用于跨度 9~36m、柱距 6m、柱高 4.5~12m、设有吊车起重量较小的单层工业厂房或公共建筑（如超市、候车大厅等）。设置桥式吊车时，宜为起重量不大于 20t 的中、轻级工作制的吊车；设置悬挂吊车时，其起重量不宜大于 3t。目前国内单跨刚架的跨度已达到 72m。

④建筑尺寸：

跨度：取横向刚架柱轴线间的距离。一般跨度为 9~36m，模数为 3m。

间距：即为柱网轴线在纵向的距离，宜为 6m，最大可为 12m。

檐口高度：取地坪至房屋外侧檩条上缘的高度。

最大高度：取地坪至屋盖顶部檩条上缘的高度。

宽度：取房屋墙梁外皮之间距离。

长度：取房屋山墙墙梁外皮之间距离。

屋面坡度：宜取值范围 1/20~1/8。

柱轴线位置：宜为柱下端截面中心，还有的边柱轴线取边柱外皮的情况（图 1-3）。

（2）单层房屋钢结构

①结构体系。单层钢结构房屋主要由横向结构和纵向结构系统组成。横向结构体系就是排架（包括屋架或横梁、天窗架和柱）；纵向结构系统是由柱、托架、柱间支撑、墙梁等构成（图 1-4）。

另外，还有吊车梁、吊车制动梁、桁架、外围墙架及屋面支撑共同组成空间刚性骨架。

②屋盖结构。单层房屋钢结构体系中重点是屋盖结构，一般采用平面桁架屋盖结构体

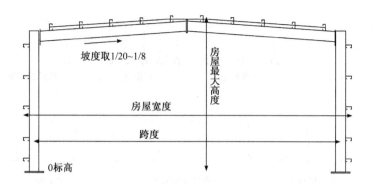

图1-3　门式刚架建筑尺寸

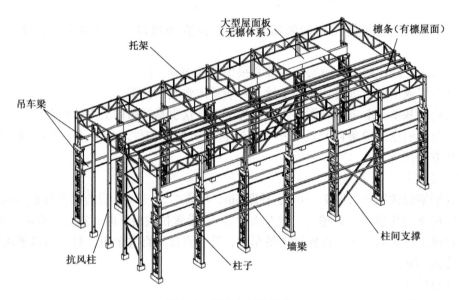

图1-4　单层房屋钢结构

系。是由屋面材料、檩条、屋架、托架和天窗架等构件组成，一般柱距较大时，需设置托架。主要分为有檩屋盖和无檩屋盖两大类，如图1-5所示。平坡屋面有采用大型屋面板的无檩屋盖体系和采用长尺寸压型钢板的有檩屋盖体系；斜坡屋面一般为有檩屋盖体系。

③屋架形式。钢屋架的形式按结构形式分主要有三角形、梯形、多边形（双坡屋面）和平行弦（单坡）桁架等；按所采用的材料可分为普通钢屋架、轻型钢屋架（杆件为圆钢和小角钢）和薄壁型钢屋架（图1-6）。

（3）多层及高层结构

随着社会经济的发展，建筑业及建筑结构形式也有了很多新的发展，日新月异。随着许多建筑艺术、建筑造型以及建筑多功能、多用途等方面的创新，出现了许多体型复杂和内部空间多变的高层建筑。如：带转换层结构、连体结构、竖向收进和悬挑结构、带加强层结构、平面不规则结构等其他复杂结构。

多高层建筑结构采用钢或钢与混凝土组合成结构体系时，常按两种方法分类。一种方法是根据主要结构所采用的材料或由不同材料组合划分成各种类型和类别；另一种是根据

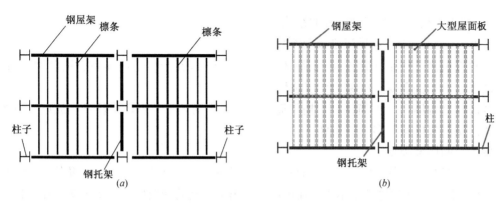

图 1-5 屋盖体系

（a）有檩屋盖体系；（b）无檩屋盖体系

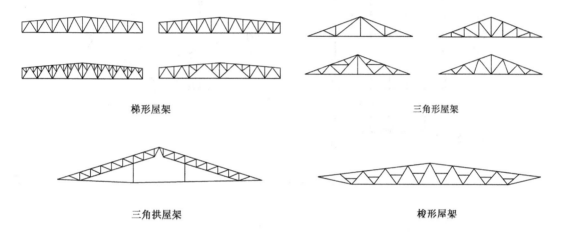

梯形屋架　　　　　　　　　　　三角形屋架

三角拱屋架　　　　　　　　　　梭形屋架

图 1-6 屋架形式

抗侧力结构的力学模型及受力特性划分成各种结构体系和类别。

1）按采用的材料区分的结构类型

①对多层及高层结构按照主要结构所用的材料不同划分成各种类型。如：全钢结构、钢-混凝土混合结构、型钢混凝土结构和钢管混凝土结构。

全钢结构：梁、柱及支撑等主要构件均采用钢材的结构。

钢-混凝土混合结构：由钢构件、钢筋混凝土构件及钢与混凝土组合构件相结合组成的结构类型，这些构件的组合形式较多，所以形成了多种结构体系。

主要有钢框架-混凝土剪力墙体系和钢框架-混凝土核心筒（筒中筒体系）。典型的组合是外框架采用钢框架，内筒采用钢筋混凝土结构，形成钢框架-混凝土核心筒体系。

型钢混凝土（SRC）结构：由型钢混凝土柱、型钢混凝土梁所组成，在某些高层建筑中，也设置型钢混凝土墙或型钢混凝土筒。

②对多层及高层结构按照不同结构类型及不同材料可以构成不同的组合结构体系。如：上部为钢结构下部为型钢混凝土结构、钢框架-型钢混凝土内筒结构、型钢混凝土柱和钢梁组合成框架结构及钢管混凝土柱与钢梁组合成框架结构。

2）按钢结构体系的选型区分的结构类型

①框架结构体系（包括半刚接及刚接框架）。

②双重抗侧力体系（钢框架-支撑体系、钢框架-混凝土核心筒体系、钢框架-混凝土剪力墙体系、型钢混凝土框架-剪力墙体系）。

③筒体结构体系（框筒体系、桁架筒体系、筒中筒体系、框筒束体系、成束筒体系）。

④巨型框架体系等多种结构体系。

（4）空间网架类型

空间网架类型很多，其基本类型有：两向交叉网架、三向交叉网架、三角锥网架、四角锥和六角锥网架；再以这些基本类型还可以开发出很多新的网架形式（图1-7～图1-11）。

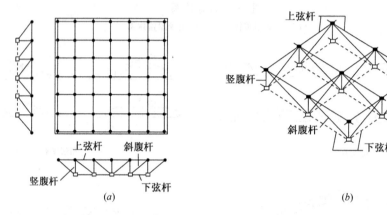

图1-7　两向交叉网架图示

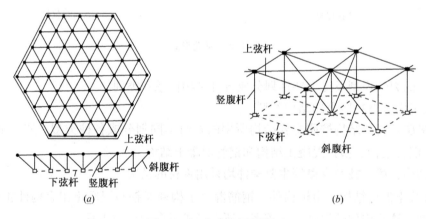

图1-8　三向交叉网架图示

1.2.2　节点设计知识

（1）钢结构构件节点连接

钢结构设计阶段已经把结构的主要节点构造和尺寸表示清楚了，作为钢结构深化设计人员必须对节点的构造设计做到了解和掌握。钢结构连接节点是指把各种不同形状的杆件（或构件）组成一个平面或立体的连接结构实体。

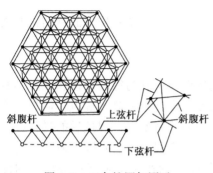

图 1-9　三角锥网架图示

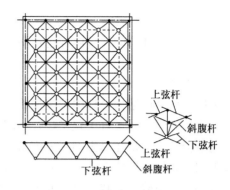

图 1-10　四角锥网架图示

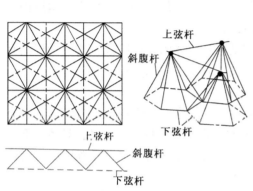

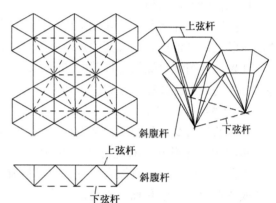

图 1-11　六角锥网架图示

钢结构之间的连接，即钢结构节点连接是钢结构工程中的重点。节点设计是整个钢结构设计工作的很重要环节。许多钢结构事故及震害都表明，钢结构大多是由于节点首先破坏而导致结构的整体破坏。节点设计不仅对结构安全有重要影响，而且直接影响钢结构的制作、安装和造价。

设计者会根据连接节点的位置及其所要求的强度和刚度，合理确定连接节点的形式、连接方法和具体构造及基本公式，以满足强度和刚度的要求。

钢结构的连接节点选用的主要型材与结构形式及其所用材料、加工制造和施工安装等有着密切的联系。杆系结构中，杆件的相互拼接通常都采用焊接连接，有时采用普通（C）级螺栓作为安装的临时固定而后进行焊接；对于梁系或实腹柱结构本身的连接一般都采用以下几种：①翼缘与腹板都采用焊接连接；②翼缘采用完全焊透的坡口对接焊缝连接，腹板采用高强度螺栓摩擦型连接；③翼缘和腹板都采用高强度螺栓连接。

连接节点的类别按节点的力学特性分为：刚性连接节点、半刚性连接节点和铰接连接节点。不过了为简化，通常连接节点的设计都按完全刚接或完全铰接的情况来处理。至于因节点构造形成的半刚性连接，对整个结构的安全度是不会有影响的，相反对个别杆件的安全储备是有一定好处，可以在设计中不予考虑。铰接连接节点一般不能用于构件的拼接连接，通常只用于构件端部的连接，比如柱脚、梁的端部连接和桁架、网架杆件的端部连

9

接等。

钢结构施工详图的设计内容包括根据设计单位提供的设计图对构件的钢结构构造进行完善。

（2）焊接连接

焊接连接是钢结构设计中采用最普遍的一种连接形式。它与螺栓连接相比，具有构造简单、施工方便；易于自动化操作；不削弱构件截面；生产效率高等优点。但焊接连接的缺点也不少，主要是在热影响区内容易产生残余应力和残余变形，焊接后的材料性能对疲劳较敏感。焊接产生的气孔、夹渣、未熔合缺陷达到一定程度时引起接头强度、塑性（延性）和韧性的下降。焊接接头中的微小裂缝在工作应力的作用下可能扩张产生构件断裂现象。

1）焊接的焊缝计算

根据工程设计情况，一般钢结构设计图纸都标明了焊角尺寸和焊缝长度，钢结构施工详图阶段主要是根据有关规范规定对构件的构造进行完善。

如果设计图纸只提供构件截面和内力，则钢结构施工详图设计阶段应按设计规范有关焊缝计算公式进行计算，角焊缝承载力可参照附录 A 中表 A-1 选用。

2）焊缝的构造要求

焊缝的构造要求是钢结构施工详图绘制时应遵守的规定。下面所列供参考，其中有的是《钢结构设计规范》的规定，有些是抗震规范的规定或专业规程的定义，具体如下：

①在设计中不得任意加大焊缝，应尽量避免焊缝的立体交叉、焊缝布置应尽量对称于构件或节点板截面中和轴，避免偏心传力。

②焊角尺寸，不得小于 $1.5\sqrt{t}$，当焊件厚度等于或小于 4mm 时，则最小焊缝焊脚尺寸应与厚度相同，角焊缝焊脚尺寸不宜大于较薄焊件厚度的 1.2 倍。角焊缝长度不得小于 $8h_f$ 和 40mm，侧面角焊缝的计算长度不宜大于 $60h_f$。

③选用焊接材料材质应与主体金属相适应，当不同强度的钢材连接时，可采用与较低强度钢材相适应的焊接材料。

④在搭接连接中，搭接长度不得小于焊件较小厚度的 5 倍，并不得小于 25mm。

⑤为便于焊接操作，尽量选用俯焊、平焊或搭焊的焊接位置，并应考虑合理的施焊空间。

⑥焊接桁架应以杆件重心线为轴线，当桁架弦杆截面变化时，如轴线变动不超过较大弦杆截面高度的 5%，可不考虑其影响。

⑦当焊接桁架的杆件用节点板连接时，弦杆与腹杆，腹杆与腹杆的间隙 $\geq 2t$，且不应小于 20mm，相邻焊脚趾间净距应大于 5mm。

⑧钢管结构中支管壁与主管壁之间夹角大于或等于 120°时的区域宜用对接焊缝或带坡口的角焊缝。角焊缝的焊脚尺寸 h_f 不宜大于支管壁厚的 2 倍。

⑨高层钢结构的梁翼缘与柱翼缘间应采用全熔透坡口焊接；抗震设防烈度 8 度乙类建筑和 9 度时，应检验 V 形切口的冲击韧性，其恰帕冲击韧性在 −20℃时不低于 27J。箱形截面柱在梁翼缘对应位置的隔板应采用全熔透对接焊缝与壁板相连。工字形截面柱的横向加劲肋与柱翼缘应采用全熔透对接焊缝连接，与腹板可采用角焊缝连接。

梁与柱刚性连接时，柱在梁翼缘上下各 500mm 的节点范围内，柱翼缘与柱腹板间或箱形柱壁板间的连接焊缝，应采用坡口全熔透焊缝。

⑩采用合理的节点设计防止层状撕裂，一般在满足设计要求焊透深度的前提下，宜采用较小的坡口角度和间隙，以减少焊缝截面积和减少母材厚度方向承受的拉应力，在角接接头中采用对称坡口或偏向于侧板的坡口，使焊缝收缩产生的拉应力与板厚方向成一角度，尤其在特厚板时，侧板坡口面角度应超过板厚中心，可减少层状撕裂倾向。采用对称双面坡口也可减小焊缝截面积，减小层状撕裂倾向。

⑪工字形截面柱与箱形截面柱与梁刚接时，应符合图 1-12 要求。

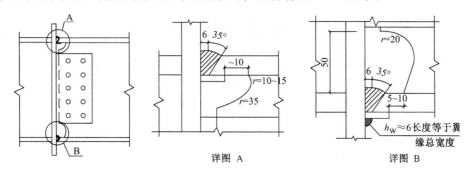

图 1-12　框架梁与柱的现场连接

（3）螺栓连接

普通螺栓连接是钢结构连接中常采用的一种连接方式，由于它安装方便，且传力性能较好，所以广泛应用于承受静力荷载或间接承受动力荷载的结构中。

高强度螺栓由于具有较好的抗冲击性能、耐疲劳性能，被广泛应用于承受动力荷载的结构连接；由于强度高被广泛用于高层钢结构和大跨度空间钢结构中的连接。高强度螺栓安装简单、迅速，构件无应力集中现象，无收缩应力，便于拆换和加固，但是它的制造精度要求高，连接的接触面要求处理，施工机具复杂，工程造价较高。高强度螺栓按受力性能分为两种：一种是依靠摩擦阻力传力，成为高强度螺栓摩擦型连接；另一种是依靠杆身的承压和抗剪，称为高强度螺栓承压型连接，采用高强度螺栓承压型连接的构件，其剪切变形比高强度摩擦型连接的大，故其适用于承受静荷载或间接承受动力荷载并容许出现一定滑移的构件连接。

根据螺栓的制造质量和尺寸公差，可分为 A、B、C 三级。A 级精度最高，C 级最粗糙。A 级和 B 级螺栓抗拉、抗剪性能好，剪切变形也小，但是其杆径要求只能比螺栓孔小0.3mm，需较精密加工，且必须采用质量较高的 I 类孔，故造价高，安装复杂。所以在钢结构工程中，普通螺栓连接，一般采用 C 级螺栓。C 级螺栓宜用于沿杆轴方向受拉的连接。

1）螺栓计算

一般螺栓直径和螺栓数量的确定原则上应由设计院的设计人员计算确定。如果设计图纸未标清楚，可根据设计图纸提供的内力按有关规范规定计算，对于高强度螺栓摩擦型连接可参考附录 A 中表 A-3，对于普通螺栓承载力可参考附录 A 中表 A-2。

空间网架结构如果采用螺栓球节点网架，则高强度螺栓为受拉力，每根高强度螺栓受拉承载力设计值参考附录 A 中表 A-4。

2）螺栓连接构造要求

①在一般情况下，每一根杆件在节点上以及拼接接头一端的永久螺栓不宜少于两个。对螺栓球节点网架杆件端部连接允许采用一个螺栓。对组合结构的小截面杆件可采用一个螺栓连接。

②对直接承受动力荷载的普通螺栓连接应采用双螺母或其他防止松动的有效措施。

③螺栓孔线规及螺栓孔允许最大开孔直径要求要满足附录 D 要求。

④螺栓的间距应满足表 1-4 要求。

螺栓的最大、最小容许距离 表 1-4

名　称	位置和方向			最大容许距离（取两者的较小值）	最小容许距离
中心间距	外排（垂直内力方向或顺内力方向）			$8d_0$ 或 $12t$	$3d_0$
	中间排	垂直内力方向		$16d_0$ 或 $24t$	
		顺内力方向	构件受压力	$12d_0$ 或 $18t$	
			构件受拉力	$16d_0$ 或 $24t$	
	沿对角线方向			—	
中心至构件边缘距离	顺内力方向			$4d_0$ 或 $8t$	$2d_0$
	垂直内力方向	剪切边或手工气割边			$1.5d_0$
		轧制边、自动气割或锯割边	高强度螺栓		
			其他螺栓或铆钉		$1.2d_0$

⑤一般 C 级螺栓连接的制孔应采用钻成孔。高强度螺栓摩擦型连接的孔径比螺栓直径大 1.5~2.0mm；高强度螺栓承压型连接的孔径比螺栓直径大 1.0~1.5mm。

⑥一个构件若借助垫板或其他中间板与另一个构件连接时的螺栓数量，应按计算增加 10%，搭接或用拼接板的单面连接传递轴心力时，螺栓数量应按计算增加 10%。在构件端部连接中，当增加辅助短角钢两肢中的任一肢上，所用的螺栓数应按计算增加 50%。

⑦在抗弯或抗弯剪的端板连接或法兰盘连接中，其端板厚度或法兰厚度不宜小于连接螺栓的直径。

⑧螺栓连接形式可参考附录 B 设计。

⑨当节点采用高强度螺栓和焊接连接并用时，对临近焊缝的高强度螺栓连接，若采用先拧后焊的工序，则高强度螺栓的承载力应降低 10%。

⑩普通螺栓扳手空间尺寸（mm）按附录 D 采用。

⑪螺栓长度计算：
$$L = t + H + nh + c$$

式中　t——被连接件总厚度（mm）；

　　h——垫圈厚度（mm）；

　　H——螺母高度，一般为 $0.8d$；

　　c——螺纹外露长度（mm）；

　　n——垫圈个数。

（4）节点板及加劲肋

1）节点设计应按下列原则考虑：

①在节点处内力传递简捷明确，安全可靠。

②要确保连接节点有足够的强度和刚度。

③ 节点加工制作简单，安装方便。

④工程造价经济性好。

节点板要保证杆件或构件的可靠传力，故传力应直接，并应尽量使连接不产生偏心。

2）桁架节点板：

①桁架节点板的强度可用有效宽度简化计算

$$\delta = \eta N / B_e t \leqslant f$$

式中　B_e——板件的有效宽度，参考图 1-13 取值；

　　　t——节点板厚度；

　　　η——对直接承受动力荷载的桁架，$\eta = 1.1$，对其他 $\eta = 1.0$。

②普通螺栓或高强度螺栓承压型和摩擦型连接的轴心受拉构件，其连接处的强度应按下式计算

$$\sigma = N / A_n \leqslant f$$

式中　N——作用与构件的轴心拉力；

　　　A_n　构件净截面面积，可按下列情况确定．

当为并列布置时〔图 1-14（a）〕，构件在截面 Ⅰ—Ⅰ 处受力最大，其净截面面积为：

$$A_n = （b - n_1 d_0）t$$

当为错列布置时〔图 1-14（b）〕，构件在截面 Ⅱ—Ⅱ 或锯齿形截面 Ⅲ—Ⅲ 破坏，此时净截面面积取按下列公式计算结果中值较小者：

$$A_{n1} = （b - n_2 d_0）t$$

$$A_{n2} = \left[\sqrt{e_1^2 + e_2^2} - n_3 d_0 \right] t$$

式中　b——被连接构件的板宽；

　　　n_1——截面 Ⅰ—Ⅰ 上的螺栓数目；

　　　n_2——截面 Ⅱ—Ⅱ 上的螺栓数目；

　　　n_3——截面 Ⅲ—Ⅲ 上的螺栓数目；

　　　d_0——螺栓的直径；

　　　t——被连接构件的板厚；

　　　e_1——在垂直作用力 N 方向的螺栓边距；

　　　e_2——在垂直作用力 N 方向的螺栓中距；

　　　e_3——错列布置的螺栓列距。

③节点板一般伸出角钢边缘 10～15mm，有时为了支撑屋面构件或构造上的需要，节点板要从角钢背棱缩进一定尺寸，其值可在小于角钢厚度范围内采用。

④节点板边缘与杆件轴线形成的斜度通常不小于 1/4。对单腹杆的连接节点板在腹杆范围外最小截面面积，应大于按杆件内力计算所需要的截面面积。

⑤受压竖腹杆连接端面至弦杆角钢肢外侧的净距离与节点板厚之比不宜大于 1.5，否则应按规范规定进行稳定计算。

⑥杆件端部切割面通常与其轴线垂直，当杆件截面较大时，为减少节点板尺寸，可把角钢的连接腹切成斜边。

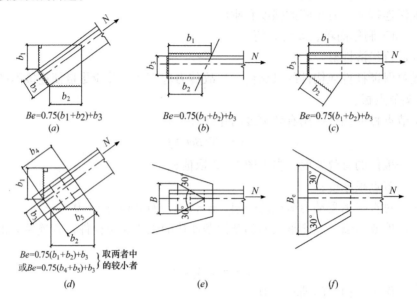

图 1-13　节点板局部抗拉强度的有效宽度 B_e 的计算图示

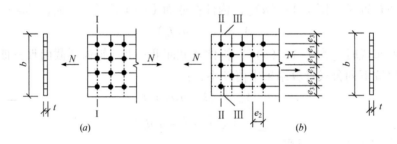

图 1-14　构件净截面面积的计算图示

（a）并列布置；（b）错列布置

3）网架节点板

网架采用板节点的杆件截面有角钢，也有钢管，多个方向的杆件端部在节点处相交，为使其在节点上有效地连成一体，应沿杆件方向设置相应的节点板，在其底部设水平盖板组成钢板节点，这种节点具有刚度大，用钢量少，构造简单，制作方便，造价较低。

由于是在多向汇交杆件内力作用下，节点受力较为复杂，精确分析较困难，因为试验表明：十字节点板中的应力都只与自身平面内作用力有关，另一方向作用力大小与方向对其无明显影响，基本属于单向传力，因此焊接板节点中的十字节点板可与平面桁架的节点板一样，仅考虑节点板可与平面桁架的节点板一样，仅考虑节点板所连接的杆件内力作用下工作。试验也证明：盖板对增加节点刚度起作用，而对传力作用较小，简化计算是在杆件内力作用下，十字节点板与盖板上所承受的力可按它们的抗压或抗拉刚度之比值分配，根据各自分配的力与网架节点板的厚度可根据网架最大内力设计值按表 1-5 选用，支座节点可选表中较大厚度。要防止节点板太薄出现焊接咬肉和较大变形；也容易造成节点的侧向屈曲，因此确定节点板厚度应较连接杆件的厚度大 2mm，且不应小于 6mm。

表 1-5

节点板厚度选用

杆件内力设计值（kN）	≤150	160~245	250~390	400~590	600~880	890~1275
节点板厚度（mm）	8	8~10	10~12	12~14	14~16	16~18

4）连接板和加劲肋

梁柱之间和主次梁之间通常采用连接板连接。连接板的厚度不得小于连接梁腹板的厚度。连接板的厚度和尺寸应按板及连接承载力计算以及焊缝、螺栓的构造布置确定。计算时宜考虑连接强度大于母材强度的原则，并应考虑因连接偏心传力而增加的附加弯矩的不利影响。

板的横向加劲肋主要用于集中荷载的扩散与传力部位，一般设于梁、柱刚接节点的梁翼缘对应处或偏心牛腿的翼缘对应处。

高层钢结构中柱在梁翼缘对应位置设置横向加劲肋，且加劲肋厚度不应小于梁翼缘厚度。梁柱与支撑连接处应在其腹板两侧设置加劲肋，加劲肋高度应为梁腹板高度，厚度不应小于 0.75 倍腹板厚度。在消能段应按抗震规范要求在其腹板上设置中间加劲肋。

支托板主要用于支撑端板式支座，其上端面应进行刨平加工以提高承压强度，厚度一般较所支撑端板厚 4~5mm。

梁横向加劲肋主要用作保证腹板的局部稳定，增强梁的整体性能。短加劲肋将梁（柱）翼缘所受的局部荷载传递到梁（柱）的腹板上，其厚度不应小于次梁腹板厚度的 1.2 倍，端板加劲肋的厚度不应小于腹板厚度的 1.5 倍。

1.3 焊接知识

在建筑钢结构制作和安装中，连接技术是钢结构生产中主要技术之一。钢结构的连接方法很多，主要采用的连接方法有机械连接和焊接连接。焊接连接是钢结构制作与安装中的一项最重要的技术。在重型钢结构建筑中，70% 以上的构件制作和安装连接是通过焊接来实现的。焊接技术直接影响钢结构工程的质量和生产效率。

1.3.1 焊接难度

建筑钢结构工程焊接难度可分为一般、较难和难三种情况。施工单位在承担钢结构焊接工程时应具备与焊接难度相适应的技术条件。建筑钢结构工程的焊接难度可按表 1-6 区分。

表 1-6

建筑钢结构工程的焊接难度区分原则

焊接难度 / 影响因素 焊接难度	节点复杂程度和拘束度	板 厚（mm）	受力状态	钢材碳当量[①] C_{eq}（%）
一 般	简单对接、角接，焊缝能自由收缩	$t<30$	一般静载拉、压	<0.38

焊接难度 \ 影响因素 \ 焊接难度	节点复杂程度和拘束度	板　厚（mm）	受力状态	钢材碳当量① C_{eq}（%）
较　难	复杂节点或已施加限制收缩变形的措施	$30 \leqslant t \leqslant 80$	静载且板厚方向受拉或间接动载	0.38 ~ 0.45
难	复杂节点或局部返修条件而使焊缝不能自由收缩	$t > 80$	直接动载、抗震设防烈度大于 8 度	> 0.45

①按国际焊接学会（ⅡW）计算公式，C_{eq}（%）= C + Mn/6 + (Cr + Mo + V)/5 + (Cu + Ni)/15（%）（适用于非调质钢）。

1.3.2　施工图中应标明的焊接技术要求

（1）应明确规定结构构件使用钢材和焊接材料的类型和焊缝质量等级，有特殊要求时，应标明无损探伤的类别和抽查百分比。

（2）应标明钢材和焊接材料的品种、性能及相应的国家现行标准，并应对焊接方法、焊缝坡口形式和尺寸、焊后热处理要求等作出明确规定。对于重型、大型钢结构，应明确规定工厂制作单元和工地拼装焊接的位置，标注工厂制作或工地安装焊缝符号。

1.3.3　单位资质

制作与安装单位承担钢结构焊接工程施工图设计时，应具有与工程结构类型相适应的设计资质等级或由原设计单位认可。

钢结构工程焊接制作与安装单位应具备以下条件：

（1）应具有国家认可的企业资质和焊接质量管理体系。

（2）应具有国家规定资格的焊接技术人员、焊接质检人员、无损探伤人员、焊工、焊接预热和后热处理人员。

（3）对焊接技术难或较难的大型及重型钢结构、特殊钢结构工程，施工单位的焊接技术责任人员应由中、高级焊接技术人员担任。

（4）应具备与所承担工程的焊接技术难易程度相适应的焊接方法、焊接设备、检验和试验设备。

（5）属计量器具的仪器、仪表应在计量检定有效期内。

（6）应具有与所承担工程的结构类型相适应的企业钢结构焊接规程、焊接作业指导书、焊接工艺评定文件等技术软件。

（7）特殊结构或采用屈服强度等级超过 390MPa 的钢材、新钢种、特厚材料及焊接新工艺的钢结构工程的焊接制作与安装企业应具备焊接工艺试验室和相应的试验人员。

1.3.4　焊接方法

（1）焊接方法种类

金属的焊接方法多种多样，主要的种类为熔焊、压焊和钎焊（表1-7）。迄今为止建筑钢结构焊接方法均采用熔焊。熔焊是以高温集中热源加热待连接金属，使之局部熔化、冷却后形成牢固连接的过程。

建筑钢结构焊接方法分类 表1-7

焊接方法分类依据	焊 接 方 法						备注
加热能源	电弧焊	电渣焊	气焊	等离子焊	电子束焊	激光焊	
操作方式	手工焊	半自动焊	自动焊				

焊接质量除了与钢材质量、操作环境、合适的焊接参数有关系外，选择合适的焊条也非常关键。为保证焊接质量，规定不同的钢材对应不同的焊接方法和焊条型号（表1-8）。

不同钢材对应焊接方法及焊条型号表 表1-8

序　号	钢材牌号	焊接方法和焊条型号
1	Q235 钢	自动焊、半自动焊和 E43 型焊条的手工焊
2	Q345 钢	自动焊、半自动焊和 E50 型焊条的手工焊
3	Q390 钢	自动焊、半自动焊和 E55 型焊条的手工焊
4	Q420 钢	自动焊、半自动焊和 E55 型焊条的手工焊

注：1. 自动焊和半自动焊所采用的焊丝和焊剂，应保证其熔敷金属的力学性能不低于现行国家标准《埋弧焊用碳钢焊丝和焊剂》GB/T 5293 和《低合金钢埋弧焊用焊剂》GB/T 12470 中相关规定。

2. 焊缝质量等级应符合现行国家标准《钢结构工程施工质量验收规范》GB 50205 的规定，其中厚度小于8mm 钢材的对接焊缝，不应用超声波探伤确定焊缝质量等级。

在建筑钢结构制作和安装中，常用的焊接方法见表1-9。

建筑钢结构中常用的焊接方法 表1-9

	手工焊	焊条手工电弧焊		
焊接方法	半自动焊	气体保护焊	CO_2 保护焊	
			CO_2 与 He 保护焊	实心丝焊
				药芯丝焊
			CO_2 与 Ar 保护焊	
		埋弧半自动焊		
		自保护焊		
		重力焊		
		螺柱焊		
	全自动焊	埋弧焊		
		气体保护焊		
		熔化嘴电渣焊		
		非熔化嘴电渣焊		

建筑钢结构焊接的特点是"三多一高"，即钢材品种规格多、点构造形式多、焊接方法多和焊接质量要求高。

因为限于成本、应用条件等原因，电弧焊方法在钢结构制作和安装领域中应用最为广泛。电弧焊可分为：熔化电极与不熔化电极电弧焊、气体保护与自保护电弧焊、埋弧焊、栓焊。

钢结构焊接工程中焊接方法主要有：手工电弧焊、埋弧焊、二氧化碳气体保护焊、电渣焊、栓焊几种。

（2）焊条电弧焊（手工电弧焊）

焊条电弧焊是用手工操作焊条进行焊接的电弧焊方法，即是利用焊条与焊件间的电弧将焊条和焊件熔化，从而形成接头的焊接方法。

在焊接结构制造和维修中，焊条电弧焊应用十分广泛，一般可以焊接碳钢、低合金钢、耐热钢、低温钢、不锈钢等各种材料以及不锈钢耐腐蚀层的堆焊。

焊条电弧焊具有操作灵活、轻便、适应性强、经济等优点，可用于低碳钢和低合金钢高强度结构钢的焊接，可用于各种接头形式和平、立、横、仰各种焊接位置，广泛用于工厂车间建筑钢结构的制作，以及施工现场的安装焊接。

（3）埋弧焊

埋弧焊的实质是在一定大小颗粒的焊剂层下，由焊丝和焊件之间放电而产生的电弧热使焊丝的端部及焊件的局部熔化，形成熔池，熔池金属凝固后即形成焊缝。这个过程是在焊剂层下进行的，所以称为埋弧。

埋弧焊主要优点是：热效率高、熔深大、焊缝质量好、焊工劳动条件好、效率高。

埋弧焊主要缺点是：埋弧焊采用颗粒状焊剂进行保护，一般只适用于平焊、船形焊和平角焊位置的焊接。其他位置的焊接，则需采用特殊装置来保证焊剂对焊缝区的覆盖和防止熔化金属的漏淌；焊接时不能直接观察电弧与坡口的相对位置，需要采取焊缝自动跟踪装置来保证焊接机头对准焊缝不漏焊；埋弧焊使用焊接电流大，不适宜用于太薄的焊件。

在建筑钢结构制造中，埋弧焊主要在工程的车间进行，一般适用于以下几种类型：钢板焊接，尤其是厚板的对接焊；工字形构件及 H 形构件的翼缘与腹板之间的平角焊；钢球制造中，焊接小车固定不动，两个半钢球旋转，进行对接平焊。

（4）熔化极气体保护焊

熔化极气体保护焊采用可熔化的焊丝作为电极和焊缝的填充材料，利用电极和焊件之间的电弧热来熔化焊丝和母材金属，并向焊接区输送保护气体，使熔化的焊丝、熔池及附近的母材金属免受周围空气的有害作用。连续送进的焊丝金属不断熔化并过渡到熔池，与熔化的母材金属融合形成焊缝金属，使焊件被可靠地连接起来。常用的保护气体有氩、氦、二氧化碳等，并可按工艺要求混合使用这些气体。最常用的是二氧化碳气体保护焊。

熔化极惰性气体保护焊主要用于铝、铜、钛等有色金属的焊接，也可用于钢材的焊接；熔化极氧化性混合气体保护焊采用平特性直流埋弧电源，该方法主要用于黑色金属材料的焊接；二氧化碳气体保护焊简称 CO_2 焊，已成为黑色金属材料焊接的主要方法之一，而且半自动二氧化碳气体保护焊，具有设备轻巧、操作方便、焊接速度快、适应性强等优点，有逐步取代焊条电弧焊的趋势；药芯焊丝气体保护焊和 CO_2 焊唯一不同之处是药芯焊丝代替实心焊丝，可以获得较高的焊接质量。

（5）电渣焊

电渣焊是利用电流通过液体熔渣产生的电阻热作为热源，将焊件和填充金属熔合成焊缝的垂直位置焊接方法。

电渣焊分为三种，即丝极电渣焊、熔嘴电渣焊和板极电渣焊。比较适宜垂直位置厚板的焊接，并能一次焊成，生产效率较高，可焊的工件厚度大（从 30mm 到大于 1000mm）；主要用于在断面对接接头及丁字接头的焊接。电渣焊可用于各种钢结构的焊接，也可用于铸件的组焊。

（6）栓钉焊（栓焊）

栓焊是在栓钉与母材之间通过电流，局部加热熔化栓钉和局部母材，并同时施加压力挤出液态金属，使栓钉整个截面与母材形成牢固结合的焊接方法。

1.3.5 接头形式及坡口形状

焊条电弧焊接头常用的形式有 4 种：对接接头、角接接头、T 形接头和搭接接头。对接接头受力均匀，焊接质量易于保证，应用最广，宜优先选用；角接接头和 T 形接头受力情况较对接接头复杂，但接头呈直角或一定角度时必须采用这两种接头形式。它们受外力时的应力状况相仿，可根据实际情况选用；搭接接头受力时，焊缝处易产生应力集中和附加弯矩，一般应避免选用，但因其不需开坡口，焊前装配方便，对受力不大的平面连接也可选用。

坡口是根据设计或工艺需要，在工件的待焊部位加工成一定几何形状并经配合后形成的沟槽。基本的坡口形式有：I 形坡口、V 形坡口、U 形坡口和 X 形坡口等。I 形坡口主要用于厚度为 1~6mm 钢板的焊接；V 形坡口主要用于厚度为 3~26mm 钢板的焊件；U 形坡口主要用于厚度为 20~60mm 钢板的焊接；X 形坡口主要用于厚度为 12~60mm 钢板的焊接，需双面施焊。

总之，焊接接头与坡口形式的选择应根据产品的结构形状、尺寸、受力情况、强度要求、焊件厚度、焊接方法并综合考虑加工难易程度和加工成本等因素综合决定。应尽量避免薄厚相差很大的金属板焊接，以便获得优质焊接接头，如果必须采用时，较厚板上应加工出过渡形式。

许多不同的接头形式，形成了许多种焊缝形式。钢结构焊接工程中焊缝形式主要有表 1-10 所示几种。

钢结构焊接工程中焊缝形式 　　　　　　　　　表 1-10

焊缝形式	对接焊缝	完全熔透的对接焊缝	正焊缝
			斜焊缝
		不焊透的（V 形、U 形、J 形坡口）对接焊缝	
	角焊缝	直角角焊缝	正面角焊缝
			侧面角焊缝
		斜角角焊缝	

1.3.6 焊缝质量等级

确保焊接质量是建筑钢结构施工中的关键。焊缝应根据结构的重要性、荷载特性、焊缝形式、工作环境以及应力状态等情况，按下述原则分别选用不同的质量等级（表1-11）。

焊缝类别及焊缝质量等级 表1-11

序号	焊缝类别		焊接要求	质量等级
1	在需要进行疲劳计算的构件中，凡对接焊缝均应焊透，其质量等级为： （1）作用力垂直于焊缝长度方向的横向对接焊缝或T形对接与角接组合焊缝，受拉时应力一级，受压时宜为二级		熔透焊缝	一级
	（2）横向对接焊或受轴力的T形对接组合与角接组合焊缝，受压时			二级
	（3）纵向对接焊缝			二级
2	要求焊透的对接焊缝或T形对接与角接组合焊缝	受拉时		不低于二级
		受压时		二级
3	重级工作制和起重量 $Q \geqslant 50t$ 的中级（A5）工作制吊车梁的腹板与上翼缘之间以及吊车桁架上弦杆与节点板之间的T形接头焊缝			不低于二级
4	梁、柱腹板与翼缘之间不要求熔透的T形接头焊缝或构件端部连接的角焊缝，其中： （1）对吊车梁或较重要构件的连接焊缝； （2）一般构件		非熔透焊缝	三级，外观缺陷 符合二级 二级

1.3.7 焊缝符号

焊缝符号是设计者用来表示对焊缝的规定和要求的符号，设计人员、焊接技术人员和焊工都必须认识和熟悉，以便标注正确的焊缝符号和正确的施焊。

焊缝符号应明确地表示所要说明的焊缝，而且不使图形增加过多的注解。一般由基本符号与指引线组成，必要时还可以加上辅助符号、补充符号和焊缝尺寸符号。图形符号的比例、尺寸和在图纸上的标注方法，要符合结构制图的有关规定。为了方便，允许制定专门的说明书或技术条件，用以说明焊缝尺寸和焊接工艺等内容，必要时也可在焊缝符号中表示这些内容。

作为深化设计人员更要熟练掌握焊缝符号的表示方法。下面是焊缝基本符号、辅助符号、补充符号的示意及说明。

钢结构施工详图中焊缝符号表示方法应按《建筑结构制图标准》GB 50105-2001及《焊缝符号表示法》GB/T 324-2008执行，其主要规定及标示示例如下：

（1）焊缝符号的指引线一般由两条基准线（一条实线，一条虚线）和带箭头的指引线（简称箭头线）两部分组成（图1-15）。

（2）基准线的虚线可以画在基准线实线的上侧或下侧，基准线一般应与图纸的标题栏平行，仅在特殊条件下可与标题栏相垂直。

（3）在接头的箭头侧，则将基本符号标注在基准线的实线侧（与符号标注位置的上、下无关）［见附录 E 中图 E-3（a）］；若焊缝在接头的非箭头侧，则将基本符号标注在基准线的虚线侧（与符号标注位置的上、下无关），见附录 E 图 E-3（b）。

（4）当为双面对称焊缝时，基准线可不加虚线，如图 1-16（a）。

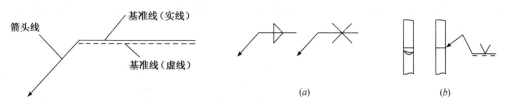

图 1-15　焊缝指引线　　　　图 1-16　双面对称焊缝的指引线及符号以及
　　　　　　　　　　　　　　　　　　单边形焊缝的指引线

（5）箭头线相对焊缝的位置一般无特殊要求，但在标注单边形焊缝（如单面 V 形、单面喇叭形、单面 U 形焊缝）时，箭头线应指向带有坡口一侧的工件（如图 1-16b）。

（6）焊缝符号的绘制方法不是以焊缝形式按相似原理进行放大或缩小，而是以简便易行，能形象化地、清晰地表达出焊缝形式的特征为准则，根据这个原则，焊缝基本符号的画法主要是：V 形坡口 V 形符号的夹角一律为 90°，与坡口的实际角度及根部间隙值大小无关；单边形坡口焊缝符号的垂线一律在左侧，斜线（或曲线）在右侧，不随实际焊缝的位置状态而改变；角焊缝符号的垂线亦一律在左侧，斜线在右侧，与斜缝的实际状态无关。

（7）基本符号、补充符号应与基准线相交或相切，与基准线重合的线段，应画成粗实线。

（8）焊缝的基本符号、辅助符号和补充符号（尾部符号除外）一律为粗实线，尺寸数字原则上亦为粗实线，尾部符号为细实线，尾部符号主要用以标注焊接工艺、方法等内容。

（9）在同一图形上，当焊缝形式、剖面尺寸和辅助要求均相同时，可只选择一处标注符号和尺寸，并加注"相同焊缝符号"（图 1-17a），必须画在钝角侧。

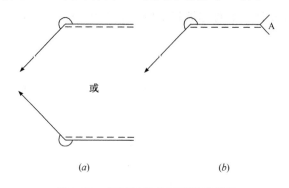

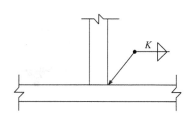

图 1-17　相同焊缝的指引线及符号　　　图 1-18　T 形熔透角焊缝的指引线符号

（10）在同一图形上，当有数种相同焊缝时，可将焊缝分类编号，标注在尾部符号内，分类编号采用 A、B、C……，在同一类焊缝中可选择一处标注代号（图 1-17*b*）。

（11）T 形连接的熔透角焊缝标注方法如图 1-18 所示。熔透角焊缝的符号为涂黑的圆圈，画在引出线的转折处。

（12）图形中较长的角焊缝（如焊接实腹钢梁的翼缘焊缝），可不用引出线标注，而直接在角焊缝旁标出焊脚尺寸 *K* 值，如图 1-19 所示。

（13）在连接长度内仅局部区段有焊缝时，应按图 1-20 标注。*K* 为角焊缝焊脚尺寸。

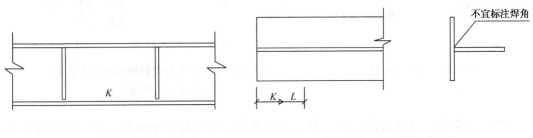

图 1-19　较长角焊缝的标示方法　　　　　　　图 1-20　局部焊缝的标注

（14）当焊缝分布不规则时，在标注焊缝符号的同时，宜在焊缝处加粗实线（表示可见焊缝）或栅线（表示不可见焊缝），标注方法如图 1-21 所示。

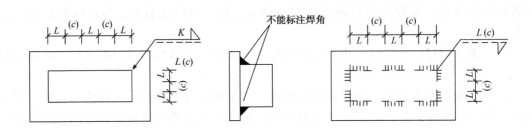

图 1-21　不规则焊缝的指引与标示

（15）相互焊接的两个焊件，当为单面带双边不对称坡口焊缝时，箭头必须指向较大坡口的焊件，如图 1-22 所示。

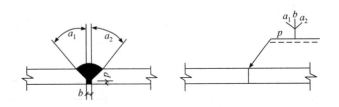

图 1-22　单面不对称坡口焊缝的标注方法

22

1.4 钢结构加工

1.4.1 钢结构加工前的准备工作

（1）施工详图设计和审查、审批

1）钢结构施工详图深化设计

一项钢结构工程的加工制作，一般遵循下述工作程序（图1-23）：

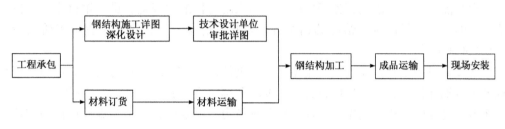

图 1-23 钢结构工程加工制作工作程序

一般钢结构工程施工详图的深化设计多由加工单位负责进行。他们可以结合工厂条件和加工习惯，便于采用合理的先进技术，取得较好的经济效益。

钢结构施工详图的深化设计应根据建设单位的技术设计图纸以及发包文件中所规定采用的规范、标准和要求进行。

为了保证工程工期，有效利用时间，尽快采购（定购）钢材，一般应在施工详图深化设计的同时，采购（定购）钢材。这样在施工详图审批完成时，钢材即可到达，即使没有到达也会缩短工期，随后开工生产。

2）钢结构施工详图的审核、审批

钢结构施工详图的审核分施工单位的审核和技术设计单位的审核，最终由技术设计单位审批签字。

审核图纸的目的是：一方面，检查图纸设计的深度能否满足施工的要求，核对图纸上构件的数量和安装尺寸，检查构件之间有无矛盾等；另一方面，也对图纸进行工艺审核，即审查在技术上是否合理，构造是否便于施工，图纸上的技术要求按加工单位的施工水平能否实现等。

图纸审核的主要内容包括：①设计文件是否齐全；②工程定位轴线是否正确，梁、柱位置是否一致；③构件的几何尺寸和相关构件的连接尺寸是否标注齐全和正确；④节点是否清楚，构件之间的连接形式是否合理；⑤标题栏内构件的数量是否符合工程的总数量；⑥加工符号、焊接符号是否齐全、清楚，标注方法是否符合国家的相关标准和规定；⑦重点审查钢结构与其他专业交叉部位节点的正确性和合理性；⑧结合加工单位的设备和技术条件，考虑能否满足图纸的技术要求。

施工详图图纸由技术设计单位审批后发现的问题，应报施工详图的深化设计师。经过深化设计师修改，可采用深化设计变更单形式下发通知各相关单位部门。如果发现的问题需要修改原设计才能解决的话，必须报原设计单位同意，并签署书面设计变更文件；原设计单位对深化设计变更单及变更图纸审批签字后，下发通知各相关单位部门。

（2）对料

根据施工详图图纸、材料表算出各种材质、规格的材料净用量，再加一定数量的损耗，提出材料预算计划。根据使用尺寸合理订货，以减少不必要的拼接和损耗。

核对材料的规格、尺寸和数量，仔细核对材质。如果进行材料代用，必须经过原设计部门的同意，并将图纸上所有的相应规格和有关尺寸全部修改。

（3）相关试验和工艺规程的编制

①钢材复验。钢材下料前，要根据国家现行有关标准的规定进行抽样检验，其化学成分、力学性能及设计要求的其他指标应符合国家现行标准的规定。进口钢材应符合供货国相应标准的规定。具体哪些情况的钢材需要复验，请参考《钢结构工程施工质量验收规范》GB 50205。

②连接材料的复验。在大型、重型及特殊钢结构上采用的焊接材料，应按国家现行有关标准进行抽样检验，其结果应符合设计要求和国家现行有关产品标准的规定。

扭剪型高强度螺栓连接副应按规定检验预拉力；高强度大六角头螺栓连接副应按规定检验其扭矩系数。

③焊接试验

钢材可焊性试验，焊材工艺性试验、焊接工艺评定试验等均属于焊接性试验。其中焊接工艺评定试验是各工程制作的最常遇到的试验。

焊接工艺评定是为验证所拟定的焊件焊接工艺的正确性而进行的试验过程及结果评价。它是焊接工艺的验证，是检验按拟订的焊接工艺指导书焊制的焊接接头的使用性是否符合设计要求，并为正式制定焊接工艺指导书或焊接工艺卡提供可靠的依据。

焊接工艺评定是反映制造单位是否具备生产能力的一个重要的基础技术资料。未经焊接工艺评定的焊接方法、技术参数不能用于工程施工。具体参考《建筑钢结构焊接技术规程》JGJ 81。

④摩擦面的抗滑移系数试验

当钢结构工程构件连接节点采用高强度螺栓摩擦连接时，应对连接面进行相应的技术处理，使其连接面抗滑移系数达到设计规定的数值。为了检验连接面是否达到设计规定的抗滑移系数数值，需进行必要的检验性试验。

⑤编制工艺规程

钢结构加工制作单位应在钢结构施工前，编制出完整、正确的施工工艺规程。除了生产计划以外，主要就是依据工艺规程指导和控制钢构件的制作全过程。

施工工艺规程是依据施工图纸和相关技术文件编制的。还需要结合具体生产条件，充分利用现有设备，创造良好而安全的劳动条件，最终使施工工艺保持先进的技术性、合理的经济性。

施工工艺规程必须经过一定的审批手续，一经审批制定必须严格执行，不得随意更改。

对于普遍通用性的问题，可以制定通用性的工艺文件用于指导生产过程。

从某种意义上来讲，钢结构施工详图也是施工工艺规程中部分内容的具体体现。

（4）其他工艺准备工作

①根据钢结构施工详图，编制工艺流程表。

②确定工序的精度要求和质量要求。

③确定焊接收缩量和加工余量。

④根据来料尺寸和用料要求，统筹安排，合理配料。

⑤安排必要的工艺装备（胎、夹、模具）先行加工。

⑥根据产品的需要，提前准备好有时需要调拨或添置的必要机器和工具。

总之，所有的工艺准备都需要根据工程的大小和安装施工进度，结合加工单位实际工厂条件和施工习惯，将工程合理划分生产工号，分批投料，配套加工，配套出成品。

（5）生产场地布置

钢构件生产车间在建立之初已全面考虑了设备的放置间距、人员与机床和操作平台之间的关系、零件堆放的场地、工艺流程等各方面影响生产的因素。比如，有 H 型钢生产线、BOX 生产线、管子相贯线切割生产线等放置顺序、间距等。

每次新工程构件加工前结合产品的品种、特点和批量，工艺流程，产品的进度要求，每班的工作量和要求生产面积，现有的生产设置和起重运输能力等考虑安排生产场地，尽量减少运输量，避免倒流水。

（6）安排生产计划

根据钢结构工程和构件特点，工作量和进度计划，安排作业计划，同时做好劳动力和机具平衡计划。对薄弱环节的关键机床，需要按其工作量具体安排其进度和班次，以免影响整个工程的进度。

（7）组织技术交底

钢结构构件的生产从施工详图深化设计到成品出厂，经过下料、加工、装配、焊接等多道工序，是一个综合的加工生产过程。要贯彻国家标准和技术规范，执行技术设计部门提出的技术要求，确保工程质量，要求构件制作投产前必须组织技术交底专题会。

技术交底必须以书面形式和口头交底相结合进行，特殊情况下结合多媒体或实物样板形式进行。审核人及交底人对交底内容的正确性负责，接受交底人对组织施工和交底内容的实施负责。

在构件制作过程中有两个层次的技术交底，目的都是对钢结构工程中的技术要求进行全面的交底，同时亦可对制作中可能遇到的难题进行研究讨论和协商。共同解决生产过程中的具体问题，确保工程质量。

①第一个层次的技术交底是在图纸会审的基础上，在工程开工前的技术交底。参加的人员主要有：工程施工图纸的技术设计单位，工程建设单位，工程监理单位，工程总承包单位及制作单位的有关部门和有关人员。技术交底的主要内容有：工程概况；工程构件的类型和数量；图纸中关键部位的说明和要求；设计图纸的节点情况介绍；对钢材、辅料的要求和原材料对接的质量要求；工程验收的技术标准说明；交货期限、交货方式的说明；构件包装和运输要求；涂层质量要求；其他需要说明的技术要求。

②第二个层次的技术交底是构件制作单位在投料加工前，对本单位施工人员进行的技术交底。参加的人员主要有：制作单位的技术人员、质检人员、生产部门负责人、技术部门负责人、质量部门负责人及相关工序的代表人员等。技术交底的主要内容除了第一个层次的内容以外，还包括：加工工艺方案、工艺规程、施工要点、主要工序控制方法、检查

方法等与实际施工相关的内容。

1.4.2 钢结构生产的组织方式和工艺流程

（1）生产组织方式

根据专业化程度和生产规模，钢结构的生产目前有下列三种生产组织方式：

①专业分工的大流水作业生产。这种生产组织方式的特点是各工序分工明确，所做的工作相对稳定，定机、定人进行流水作业。这种生产组织方式的生产效率和产品质量都有显著提高，适合于长年大批量生产的专业工厂或车间。一般厂家都采用这种大流水作业的生产方式。

②一包到底的混合组织方式。这种生产组织方式的特点是产品都由大组包干，除焊工因有合格证制度需专人负责外，其他各工种多数为"一专多能"，如放样工兼做划线、拼配工作；剪冲工兼做平直、矫正工作等。机具也由大组统一调配使用。这种方式适合于小批量生产标准产品的工地和生产非标准产品的专业工厂。其优点是，劳动力和设备都容易调配，管理和调度也比较简单。但对工人的技术水平要求较高，工种也不能相对地稳定。

③扩大放样室的业务范围。零件加工顺序和加工余量等均由放样室确定，其劳动组织类似第二种。一般机床厂和建筑公司的铆工车间常采用这种生产组织方式。

（2）大流水作业生产工艺流程

大流水作业生产工艺流程见图1-24所示。

（3）典型钢结构构件加工工艺流程

①箱形构件的加工。箱形构件是由四块板组成的承重构件。箱形钢梁（柱）钢结构在桥梁建筑中被广泛应用，而箱形梁（柱）隔板与腹板焊缝的焊接由于受到空间位置的影响，给焊接工艺带来了一定的困难，故目前较多采用电渣焊完成此焊接任务。

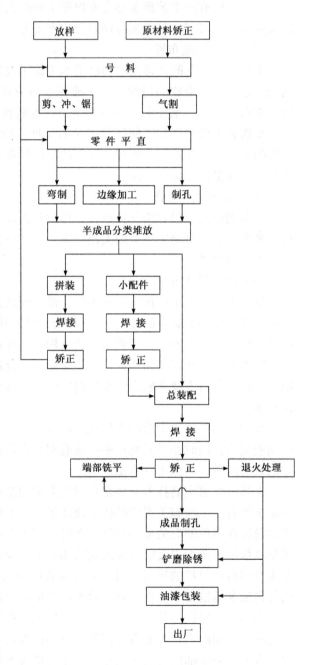

图1-24 大流水作业生产的工艺流程

有的制作单位利用 BOX 生产线，进行生产箱形构件（图 1-25）。加工工艺的改进，缩减了工期，提高了工作效率，经济效益自然也就好了。

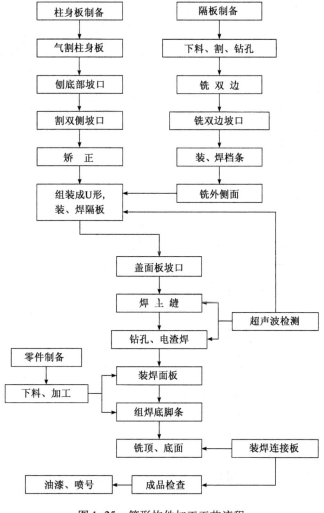

图 1-25　箱形构件加工工艺流程

②十字形柱的加工。十字柱是由一个工字形（或 H 形）截面和两个 T 形截面正交（或斜交）组成，其破口和焊缝有角度变化。其加工工艺流程如图 1-26 所示。

③变截面梁的加工。

变截面梁加工工艺流程如图 1-27 所示。

1.4.3　工厂拼装和连接

（1）工厂拼装

拼装工序亦称装配、组立。是把制备完成的半成品和零件按图纸规定的运输单元，装配成构件或部件，然后连接成为整体。

拼装好的构件应立即用记号笔或油漆在明显部位编号，写明图号、构件号和件数，以便查找。

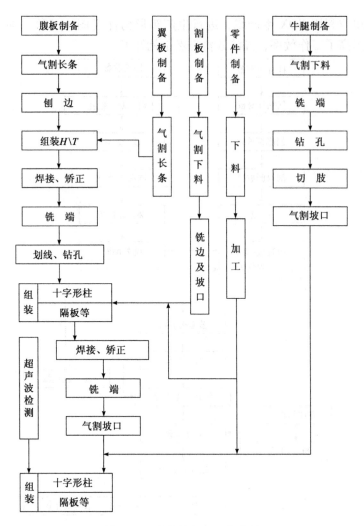

图 1-26　十字柱加工工艺流程

（2）连接

连接的方法有焊接、铆接、普通螺栓连接和高强螺栓连接等。在制作过程中用到最多的连接方式是焊接。具体焊接知识参考本章第 3 节"焊接知识"或详细学习《建筑钢结构焊接技术规程》JGJ 81。

1.4.4　成品矫正、制孔和检验

（1）成品矫正

钢材使用前，由于材料内部的残余应力及存放、运输、吊运不当等原因，会引起钢材原材料变形；在加工成型过程中，由于操作和工艺原因会引起成型件变形；构件连接过程中会存在焊接变形等。为了保证钢结构的制作及安装质量，必须对不符合技术标准的材料、构件进行矫正。

在钢结构构件制作工程中，一般变形的主要原因是焊接造成的。焊接时在高温状态下进行，构件受热是局部的，不均匀的，焊缝区域受热膨胀，但是焊缝四周的金属又处于冷

28

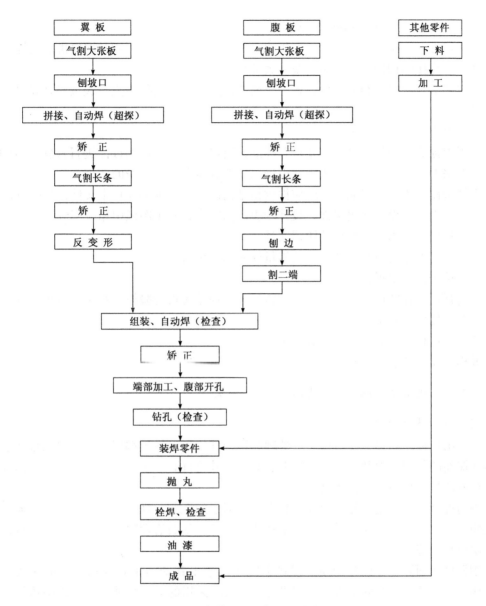

图 1-27　变截面梁的加工工艺流程

的状态；当焊接完成，热金属因冷却而收缩，此时又因为冷金属的阻止，热金属不能得到充分的收缩，造成变形的产生。

变形产生了，要想办法对其进行矫正。钢结构的矫正，就是通过外力或加热作用，使钢材较短部分的纤维伸长；或使较长的纤维缩短，以迫使钢材反变形，使材料或构件达到平直及一定几何形状的要求并符合技术标准的工艺方法。

①冷矫正。冷矫正顾名思义就是不用火，而是直接利用机器或手工的机械力对构件进行矫正。一般可以使用翼缘平机、调直机、油压机、压力机进行矫正。

②热矫正和混合矫正。热矫正就是利用火焰矫正；混合矫正就是利用火焰及配合机械力进行矫正的方法。

（2）边缘加工、成品钻孔和试装

①边缘加工方法主要有：铲边、刨边、铣边、碳弧气刨、气割和坡口机加工等。

②一般焊接结构构件的安装孔眼，大部分为成品钻孔。

③安装节点构造复杂的构件，根据合同协议应在工厂进行节点试装或整体试装，也叫预拼装。

（3）成品检验

为了保证成品构件符合相关要求和标准，所以要对完工后的成品进行检验。目的在于保证不合格的成品不出厂、不入库，以确保用户利益和企业自身的信誉。

钢结构制造单位在成品出厂时应提供钢结构出厂合格证书及技术文件，其中应包括：

①施工图纸和设计变更文件，设计变更的内容应在施工图纸中相应部位注明。

②制作中对技术问题处理的协议文件。

③钢材、连接材料和涂装材料的质量证明书和试验报告。

④焊接工艺评定报告。

⑤高强度螺栓摩擦面抗滑移系数试验报告、焊缝无损检验报告及涂层检测资料。

⑥主要构件验收记录。

⑦需要进行预拼装时的预拼装记录。

⑧构件发运和包装清单。

1.4.5 成品表面处理、油漆、堆放和装运

（1）成品表面处理

构件出厂前，高强螺栓摩擦面的处理和钢构件的表面处理都很必要，也很重要，高强螺栓摩擦面的处理一般利用喷砂、抛丸、酸洗、砂轮打磨等工艺。其中以喷砂、抛丸处理的摩擦面的抗滑移系数数值较高。

钢构件涂装前应进行除锈处理，将需涂装部位的毛刺、铁锈、焊缝药皮、焊瘤、焊接飞溅物、油污、尘土、酸、碱、盐等杂物清理干净。基面清理除锈质量的好坏，直接关系到涂层质量的好坏。

钢构件表面除锈方法分为喷射或抛射除锈、手工和动力工具除锈、火焰除锈三种类型。构件的除锈方法与除锈等级应与设计文件要求采用的涂料相适应。构件除锈等级见表1-12。

表 1-12

除 锈 等 级

除锈方法	喷射或抛射除锈				手工和动力工具除锈		火焰除锈
除锈等级	Sa1	Sa2	Sa 2 $\frac{1}{2}$	Sa3	St2	St3	F1

在使用同一底漆的情况下，采用不同除锈方法，最后对钢构件的防护效果也不相同，差异很大。选择除锈方法时，要综合考虑各种方法的特点和防护效果以及涂装的对象、目的、钢材表面的原始状态、设计要求达到的除锈等级、现有的施工设备和条件、施工费用等情况，进行综合比较才能确定。

各种底漆或防锈漆要求最低的除锈等级见表1-13。

各种底漆或防锈漆要求最低的除锈等级 表1-13

涂 料 种 类	除 锈 等 级
油性酚醛、醇酸等底漆或防锈漆	St2
高氯化聚乙烯、氯化橡胶、氯磺化聚乙烯、环氧树脂、聚氨酯等底漆或防锈漆	Sa2
无机富锌、有机硅、过氯乙烯等底漆	$Sa2\frac{1}{2}$

各种除锈方法的特点见表1-14。

各种除锈方法的特点 表1-14

除锈方法	设备工具	优 点	缺 点
手工、机械	砂布、钢丝刷、铲刀、尖锤、平面砂轮机、动力钢丝刷等	工具简单、操作方便、费用低	劳动强度大、效率低、质量差、只能满足一般涂装要求
喷 射	空气压缩机、喷射机、油水分离器	能控制质量、获得不同要求的表面粗糙度	设备复杂、需要一定操作技术、劳动强度较高、费用高、污染环境
酸 洗	酸洗槽、化学药品、厂房等	效率高、适用大批件、质量较高、费用较低	污染环境、废液不易处理、工艺要求较严

（2）钢构件油漆

钢结构在常温大气球境中使用，钢材受大气中水分、氧和其他污染物的作用而被腐蚀。为了减轻或防止钢结构的腐蚀，目前国内外主要采用涂装方法进行防腐。

涂料、涂装遍数、涂层厚度均应符合设计文件的要求。涂装时的环境温度和相对湿度应符合涂料产品说明书的要求。配置好的涂料不宜存放过久，应在使用的当天配置。

施工图中注明不涂装的部位不得涂装。安装焊缝处应预留30~50mm暂不涂装，待构件安装完成后补涂。

涂装应均匀，无明显起皱、流挂，附着良好。喷涂完毕后，应在构件上喷注构件的原编号。对于技术文件要求标明重量、重心位置和定位标记的，要做好标记。

（3）成品堆放

构件成品验收后，在装运或包装以前堆放在成品仓库，并分类堆放，并防止失散和变形（图1-28）。高强螺栓连接副、焊钉等材料必须在干燥的仓库堆放，堆放整齐、合理、标识明确。

成品堆放时注意事项：①堆放场地应平整干燥，并备有足够的垫木、垫块使构件得以放平、放稳；②侧向刚度较大的构件可不平堆放，当多层叠放时，必须使各层垫木在同一垂线上；③大型构件的小零件，应放在构件的空档内，用螺栓或钢丝固定在构件上；④同一工程的构件应分类堆放在同一地区，以便发运。

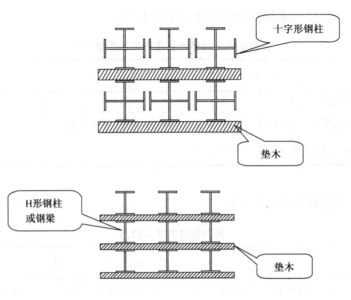

图 1-28　构件堆放示意图

（4）成品的包装和发运

成品包装工作应在涂层干燥后进行，并注意保护构件涂层不受损伤。细长构件可打捆发运，一般用小槽钢在外侧用长螺栓夹紧，其空隙处填以木条。包装和捆扎均应注意密实和紧凑，以减少运输时的散失和变形，而且可降低运输费用。注意，重点核实际包装数量和包装清单。

需要海运的构件，在深化设计时要综合考虑构件受力和运输要求等各方面因素，以确定构件分段位置。要尽可能依据集装箱大小将构件打捆装箱，因为散运的话，费用很高而且运输工期难以确定。螺栓、螺纹杆以及连接板要用防水材料外套封装。每个包装箱、裸装件及捆装件的两边都要有标明船运所需标志，标明包装件的重量、数量、中心和起吊点。

内河运输的构件必须考虑每件构件的重量和尺寸，使其不得超过当地的起重能力和船体尺寸。

公路运输装运的高度极限为 4.5m，如需通过隧道时，则高度极限为 4m，构件长出车身不得超过 2m。

工字形构件运输时装车方法见图 1-29。十字形构件运输时装车方法见图 1-30。

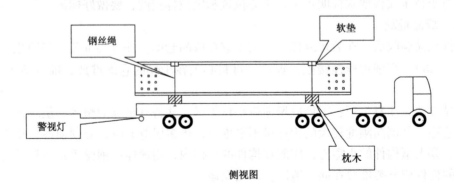

侧视图

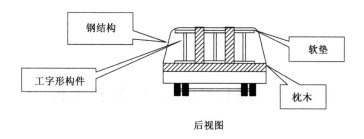

后视图

图 1-29　工字形构件运输时装车方法

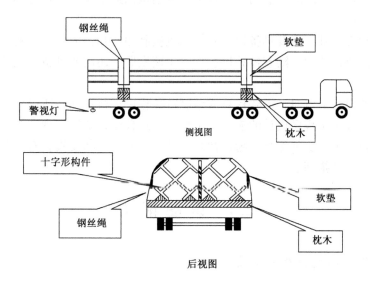

侧视图

后视图

图 1-30　十字形构件运输时装车方法

第2章 深化设计师应具备的能力

深化设计师是指在严格遵循国内外相关钢结构设计、制造和安装规范的前提下，准确、真实地将结构施工图所表达的内容转化为钢结构制造企业易于接受的车间制造工艺详图的专业技术人员。

要成为深化设计师，需要具备建筑制图或机械制图的知识或经验，对钢结构制造及安装过程有一定的感性认识，随着计算机技术的飞速发展，还需要具备使用绘图软件绘制钢结构详图的能力。

当有复杂的设计节点时，需要计算或编制特殊程序进行设计，所以深化设计师最好也具备节点设计和计算机程序设计的能力。工程施工过程中，如果发现图纸问题有可能需要深化设计师亲自去现场实地考察。随着社会钢结构行业的不断发展，对深化设计师的各方面能力要求也会不断提高。

2.1 识 图 能 力

2.1.1 施工图的产生与分类

1. 施工图的产生

我们居住的房屋、周围办公的高楼大厦、工业生产的厂房、排放烟雾的烟囱等建筑物及构筑物在施工时，都需要事先由工程设计技术人员进行设计，一般由建筑、结构、水、暖、通风、电等工种共同配合，最终形成一套完整的施工图纸。这些图纸外观为蓝色，所以被称为"蓝图"。

2. 施工图的分类

施工图一般按专业分类，根据施工图的内容和作用的不同分为建筑施工图、结构施工图、设备施工图。

（1）建筑施工图。建筑施工图简称建施，主要表达建筑物的规划位置、内部布置情况、外部形状、内外装修、构造、施工要求等。建筑施工图主要包括图纸目录、设计总说明、总平面图、平面图、立面图、剖面图和详图等。

（2）结构施工图。结构施工图简称结施，是根据建筑设计的要求，主要表达建筑物中承重结构的布置、构件类型、材料组成、构造做法等。结构施工图主要包括结构设计总说明、基础施工图、结构平面布置图、各种构件详图等。

（3）设备施工图。设备施工图包括给水排水、采暖通风、电气系统、弱电系统、电梯等各种施工图，其内容有各工种的平面布置、系统图纸等。

3. 施工图的编排顺序

一套房屋建筑施工图少到几张图，多到几十张、上百张甚至几百张。施工图设计人员按照图纸内容的主次关系，系统地编排顺序。例如，基本图在前，详图在后；总体图在前，局部图在后；主要部分在前，次要部分在后；布置图在前，构件图在后；先施工的在前，后施工的在后等方式编排。

对钢结构建筑来说，一般包括：图纸目录、设计总说明、建筑总平面图、建筑施工图、结构施工图、钢结构施工图、设备施工图等。本书以钢结构建筑的施工图纸来介绍。

2.1.2 看图的方法和步骤

1. 看图的方法

看图时，一般根据不同的图纸选择不同的方法。提供以下读图经验：从粗到细、从大到小、从外往里、从左往右、从上往下仔细看；结合图纸与说明对照、建筑施工图与结构施工图对照，有时还要拿设备施工图来参照等方法。

较为复杂的工程一般施工图面上的各种线条纵横交错、各种图例、说明、符号繁多，所以需要有耐心，认真细致才能把图看得明白。

2. 看图的步骤

拿到图纸后，一般按下述步骤看图：

（1）看目录。了解表 2-1 内容，并核对图纸是否齐全，图纸编号与图名是否吻合。

看图总结表 1　　　　　　　　　　表 2-1

看 图 总 结 表		工程编号	
		看图时间	年　月　日～　年　月　日
工程名称		建筑类型	
建筑面积		建筑高度	建筑层数	
建设单位			
设计单位			
图纸张数			

（2）看设计总说明（见表 2-2）。

看图总结表 2　　　　　　　　　　表 2-2

建筑位置	
高程、坐标	建筑朝向
技术要求	

（3）看施工图中平、立、剖面图（表2-3）。

建筑长度、宽度	
一般布局	轴线间尺寸、开间大小、内部一般布局等内容

看完平、立、剖面图后，要在您头脑里形成图纸中描述的建筑的立体形象，想象出它的规模和轮廓。

3. 全面阅览图纸

对建筑、结构、水、暖、电设备等有了大致的了解后，我们再按照施工程序的先后，从基础施工图开始一步步深入看图。

（1）按照基础——主体——屋面顺序看图。

（2）或按照您习惯的顺序看图，并结合建筑施工图、混凝土结构施工图、设备施工图（包括各类详图等）更清楚地读懂图纸。

（3）在上述过程中，有什么问题随时记录。了解钢材、结构形式、节点做法、组装放样、施工顺序等。

除了看图之外，还要结合技术要求，考虑如何保证工序的衔接以及工程质量和安全作业等。

2.1.3　看图的注意事项

1. 掌握投影原理、房屋构造

施工图纸是根据投影原理绘制的，用以表明房屋建筑的设计及构造做法。读懂图纸之前，掌握点、直线、平面、球体、棱柱、圆锥体等一些基本形体的投影规律（包括轴测投影）和基本原理，很有必要。

另外还要结合实际，熟悉房屋建筑的基本构造，多了解现在建筑的风格和式样。

2. 熟悉有关国家标准

为了保证施工图质量、提高效率、表达统一、符合设计和施工的基本要求，以便于识读工程图，国家颁布了有关建筑制图的六种国家标准。包括总纲性质的《房屋建筑制图统一标准》GB/T 50001-2001；专业部分的《总图制图标准》GB/T 50103-2001、《建筑制图标准》GB/T50104-2001、《建筑结构制图标准》GB/T50105-2001、《给水排水制图标准》GB/T50106-2001、《采暖通风与空气调节制图》GB/T50114-2001以及相应的条文说明。无论是绘图还是读图都必须熟悉相关的国家制图与识图标准。

3. 熟记常用图例及符号

设计师们按照相关规范标准，采用独有的专用语言向我们阐述他们的想法。这专用的语言也包括常用的图例及符号。熟记常用图例及符号，对于我们读懂和快速读图有很大帮助。

4. 读图顺序

读图宜按照上述看图步骤读图，形成房屋立体形象。按照先下部结构再上部结构的顺序，并结合从平面——立面——剖面——节点大样的看图方法。

5. 结合各种图纸，综合看图

一套施工图的各图纸间都是相互配合、紧密联系的。钢结构深化设计需要与其他专业配合，所以要求深化设计师对于不同专业的图纸都能够读懂且理解。

有时可能某些建筑部位没有图纸，需要结合经验综合考虑各方面情况，建立自己的想象空间。

6. 基于实践看懂图

根据哲学的实践与认识关系，相信不难理解，看图时联系实践，就能较快地掌握图纸的内容。

2.1.4　看图要抓重点

办事情需要抓重点和关键，看图也不例外。下面就看钢结构施工图的过程，陈述看图需要抓住哪些重点。

1. 钢结构设计总说明

（1）材料

建筑钢结构采用的材料主要分为主材和辅材，其中主材主要指钢板、热轧型钢、冷弯薄壁型钢等；辅材指焊条、高强度螺栓、普通螺栓及各种栓钉连接件。深化设计师对于材料的特殊性不可能全面掌握，对于不确定情况，建议向别人请教或要求公司物资部门人员配合。

1）主材：

看图注意：钢材原材包括哪些材质、板厚范围，是否包括进口钢材。如有进口钢材，参照何种标准验收。查看这些内容的主要目的是核查有无特殊钢材。比如超厚钢板，此类钢板市场采购困难，需要定制，进货周期长，目前国内厚板多由舞阳钢厂轧制。因此一旦有厚板必须充分考虑由此引起的订货、排号、轧制、运输、检验周期，还可向设计提出是否可以以高强薄板代替。

厚板中设计要求的 Z 向性能是否超出一般钢材要求，此要求是否合理，尤其在非重点部位。例如，很多设计总说明中这样叙述，"所有未注明钢材均采用 Q345C。"这样的叙述是不严谨的，一些较小规格型钢，市场上并无此类材质，须到钢厂定制。因此需与设计人员在图纸会审时提出在非重点部位，例如压型钢板封边角钢、洞口处加强角钢或槽钢、受力不大位置的钢材是否必须采用 Q345C 材质。

有些设计图纸总说明中提出所使用钢材的理化性能，此时需核对给出的钢材化学成分和力学性能是否符合国内钢厂标准，如属于特殊或非标准钢材则在市场询价后，图纸会审时向设计和业主提出。

另外，查看一下有无超出规范要求的检验试验要求，尤其是难度较大，材料较特殊的工程。

2）辅材：

①焊条。手工焊接采用的焊条，应符合现行国家标准《碳钢焊条》GB/T5117 或《低合金钢焊条》GB/T5118 的规定。选择的焊条型号应与主体金属力学性能相适应，如 Q235 配 E43 型焊条，Q345 配 E50 型焊条等。对直接承受动力荷载或振动荷载且需要验算疲劳的结构，宜采用低氢型焊条。负温下钢结构焊接选用的焊条、焊丝，在满足设计强度要求的前提下，应选择屈服强度较低，冲击韧性较好的低氢型焊条；重要结构可采用高韧性超低氢型焊条。

自动焊接或半自动焊接采用的焊丝和相应的焊剂应与主体金属力学性能相适应，并应符合现行国家标准的规定。

根据《钢结构设计规范》GB50017 的要求，当不同强度的钢材连接时，可采用与低强度钢材相适应的焊接材料。

施工图设计总说明中应注明焊条、焊丝、焊剂等采用的规格、型号、强度等级等。

②普通螺栓。普通螺栓的材料性能应符合现行国家标准《六角头螺栓 C 级》GB/T5780 和《六角头螺栓》（A 级和 B 级）GB/T5782 的规定。施工图设计总说明中应注明普通螺栓采用的规格、型号、强度等级等。

③高强度螺栓。注意重点查看高强度螺栓的说明。在设计图、施工图中均应注明所用高强度螺栓连接副的性能等级、规格、连接形式、预拉力、摩擦面抗滑移系数以及连接后的除锈要求。

对于直接承受动力荷载的构件连接、承受反复荷载作用的构件连接及冷弯薄壁型钢构件连接都不得应用高强度螺栓的承压型连接。

在同一设计项目中，所选用的高强螺栓直径不宜多于两种。当设计中选了两件或两种以上直径的高强度螺栓时，应注明所选定的需进行抗滑移系数试验的螺栓直径。用于冷弯薄壁型钢连接的高强度螺栓直径，不宜大于 16mm。

高强度螺栓连接的环境温度高于 150℃时，应采取隔热的措施予以防护。摩擦型连接的环境温度为 100～150℃时，其设计承载力将降低 10%。

高强度螺栓的材料性能应符合现行国家标准《钢结构用高强度大六角头螺栓》GB/T1228、《钢结构用高强度大六角螺母》GB/T1229、《钢结构用高强度垫圈》GB/T1230、《钢结构用高强度大六角头螺栓、大六角螺母、垫圈技术条件》GB/T1231 或《钢结构用扭剪型高强度螺栓连接副》GB/T3632 的规定；高强度螺栓连接应符合《钢结构高强度螺栓连接的设计、施工及验收规程》JGJ82。

④其他连接件（栓钉、锚栓等）

圆柱头焊钉（栓钉）连接件的材料应符合现行国家标准《电弧螺柱焊用圆柱头焊钉》GB/T10433 的规定。

锚栓可采用现行国家标准《碳素结构钢》GB/T700 中规定的 Q235 钢或《低合金高强度结构钢》GB/T1591 中规定的 Q345 钢制成。

（2）高强螺栓摩擦面

钢构件的高强度螺栓摩擦面系数应按规定进行检验。经过防锈处理后的高强度螺栓连接处摩擦面，应采取保护措施，防止沾染脏物和油污，严禁在高强度螺栓连接处摩擦面上做任何标记。

经过处理后的高强度螺栓连接处摩擦面的抗滑移系数应符合设计要求（表2-4）。

连接处构件摩擦面的处理方法		构件的钢号		
		Q235	Q345 钢或 Q390 钢	Q420 钢
普通钢结构	喷砂（丸）	0.45	0.50	0.50
	喷砂（丸）后涂无机富锌漆	0.35	0.40	0.40
	喷砂（丸）后生赤锈	0.45	0.50	0.50
	钢丝刷清除浮锈或未经处理的干净轧制表面	0.30	0.35	0.40
冷弯薄壁型钢结构	喷砂	0.40	0.45	—
	热轧钢材轧制表面清除浮锈	0.30	0.35	—
	冷轧钢材轧制表面清除浮锈	0.25	—	—
	镀锌表面	0.17	—	—

高强度螺栓连接处施工完毕后，应按构件防锈要求涂刷防锈涂料，螺栓及连接处周边用涂料封闭。

（3）涂装要求。重点核查金属面除锈要求是否合理，涂料采购是否方便，涂装遍数多少，以及是否预留了现场涂装部位。现场涂装部位一般是焊缝位置，在焊接完成后，现场补漆，预留宽度一般是 50mm，但是根据板厚程度要相应增加预留宽度，预留宽度要满足预热宽度、探伤时探头行走要求宽度中的较大者。

（4）防火要求。主要查看各部位防火时限要求是否合理，是否有具体的防火涂料厚度要求。防火涂料技术发展很快，而设计规范则略显滞后，在满足设计要求防火时限的前提下，可建议采用薄型、超薄型防火涂料，将提高现场涂装效率。对于高空大型组合构件，在图纸会审时及施工方案中提出构件吊装前进行地面涂装，减少高空作业。

2. 图纸内容

（1）轴线尺寸。首先核对各种图中纵横主轴线与钢结构施工图轴线是否一致；然后核对梁、柱位置与图纸是否一致；核对洞口尺寸位置以及楼板悬挑长度，楼板收口位置及尺寸等。如果出现不一致时，须在图纸会审时向设计方提出。

（2）构件分段。

结构施工图纸中对于重要构件会给出建议分节位置。看图时须结合运输要求、现场吊装设备、操作工作面等因素，核对设计给出的分节位置是否合理。一般柱分段处，柱顶标高高出楼板标高 900～1200mm 为宜，便于安装和焊接。

（3）节点详图。节点图主要看以下几个方面是否合理。

①坡口形式。一般情况薄板单面焊，中厚板双面焊，但需要根据实际节点位置而定。在能够保证熔透的情况下尽量减小坡口角度，一方面可以节省焊材，增加效率；另一方面也可以减小热输入。

②焊接位置。现场焊接尽量避免仰焊，尤其是重要部位焊接节点，即使是熟练焊工也很难保证仰焊的焊缝质量。

③操作面。重点检查焊工操作位置及高强螺栓操作面。检查焊工操作位置，是否眼睛可视熔池，焊枪是否可伸入，是否能够自由摆动。斜撑、箱形构件节点尤其要注意这一点。

检查高强螺栓操作面，节点位置现场安装时是否有足够空间。

④栓接和焊接。总结施工图节点形式。作为施工总承包单位可以组织钢结构安装单位看图，总结。一起综合考虑各方面因素，可以向设计院提出改变某部分节点形式。

例如，某工程核心筒内的劲性钢构件连接节点均采用的刚性连接节点，翼缘、腹板的连接均采用的焊接形式。为了减少现场焊接任务量，加快安装施工速度。如可以考虑是否采用翼缘焊接、腹板栓接的形式。

当然是需要综合各方面因素，经过计算确定的。例如，现场的焊工数量，节点变化后经济参数，该工序是否在关键线路上等。

（4）柱、梁顶标高。检查同一楼层内梁顶标高是否一致，若不一致则较高的梁将可能伸入混凝土楼板内。需要考虑压型板封边问题、钢筋布置问题、栓钉长度等问题。同一根梁两端分别对应的柱牛腿标高是否一致等不同位置构件的标高。

（5）楼板洞口。检查楼板洞口周边是否有压型钢板的加强梁、封边型钢等。

（6）预埋件。检查所有与混凝土结构连接的钢梁、桁架、斜撑是否有对应的预埋件，预埋件位置是否正确；尺寸、材质是否合理；有无特殊要求；是否与混凝土结构内的钢筋、钢柱、钢梁有干涉；相邻预埋件之间是否有冲突。

3. 专业交叉

（1）土建

在多高层建筑中，钢结构与土建的交叉多是在核心筒内，且主要体现在与钢筋干涉上。

①穿筋孔。如果是钢骨混凝土结构，重点注意梁柱节点大样图，充分考虑钢筋穿筋孔问题。劲性钢柱穿过楼板所在位置，梁柱钢筋密集，梁的纵向钢筋应伸入柱节点，且应满足钢筋锚固要求，但钢筋不宜穿过型钢翼缘，也不应与柱内型钢直接焊接连接。尽量减少梁纵向钢筋穿过柱内型钢柱的数量，并在型钢腹板截面损失率小于腹板截面面积的25%的前提下，尽量保证钢筋通长穿过型钢柱。一般在柱内型钢翼缘上预留穿筋孔时，会有相应的补强措施。

核对设计图节点图所留穿筋孔尺寸是否与钢筋直径对应，穿筋孔的直径一般大于钢筋公称直径4~6mm，才能保证施工时钢筋顺利穿过。

②振捣孔。劲性柱节点处由于钢筋密集，则可能导致混凝土下料困难，因此需要核对墙体最里侧钢筋距离钢柱边缘的尺寸，若小于6cm，则考虑在钢柱加劲板上开振捣孔，振捣孔一般开成弧形。具体尺寸根据混凝土骨料直径、振捣棒直径确定。

③另外，核对一下压型钢板排板图与土建楼板是否一致，以及钢梁下皮是否有低于门窗洞口上皮的情况。

（2）幕墙

幕墙龙骨与钢构件连接处是否预留连接件，连接件平面位置、标高是否正确。索式幕墙的钢索是否与钢构件有干涉，幕墙埋件与钢结构埋件是否有重合、冲突。

（3）机电

管线主要核对各类管道是否有穿梁穿柱现象，如不可避免，则需要设计给出相应的加强做法，在卫生间、设备房等特殊位置尤其要着重注意。

（4）电梯

电梯工程施工单位一般进场较晚，电梯预埋件是否准确与其他专业有无干涉在图纸会审时应仔细阅图，钢结构涉及电梯的部分多是电梯井内电梯轨道固定的钢梁。

（5）特殊部位

对于重点施工部位或难度大、受力复杂的部位，设计单位会提出参考或强制性的施工方法、施工工艺。对于设计提出的施工方法、工艺一定要认真理解，了解设计意图，并结合实际情况和施工经验评估其可行性，若的确存在疑义须在图纸会审时及时提出。

2.2　绘图能力

钢结构深化设计的过程，也是钢结构构件图纸绘制的过程。所以钢结构深化设计对钢结构深化设计师绘图能力有较高的要求，是必需的。绘制出来的图纸必须让读图的人完全理解，这很重要。

2.2.1　基本规定

详图图纸所用的图线、字体、比例、符号，定位轴线，图纸画法，尺寸标注及常用建筑材料图例等均按照现行国家标准《房屋建筑制图统一标准》GB/T 50001 及《建筑结构制图标准》GB/T 50105 的有关规定采用。

（1）图幅。

钢结构详图常用的图幅一般为国标统一规定的 A1、A2、A3 图幅（表2-5），在同一套图纸中，不宜使用过多种类图幅。

常用图幅尺寸（单位：mm）　　　　　　　　　　表 2-5

幅面代号 ＼ 图幅	A₁	A₂	A₃	图　形
$B \times L$	594×841	420×594	420×297	
C	10	10	5	
A	25	25	25	

（2）图线及画法。

图纸上的线型根据用途不同，按表2-6选用。

（3）图纸的图框和标题栏线，可采用表2-7的线宽。

种　类	线　型	线宽	一　般　用　途
粗实线	——————	b	结构平面布置图中单线构件线
中实线	——————	$0.5b$	钢构件轮廓线
粗虚线	— — — — —	b	布置图中不可见的单线构件线
细虚线	— — — — —	$0.25b$	不可见的钢构件线
粗点画线	——— · ———	b	垂直支撑、柱间支撑线
细点画线	——— · ———	$0.25b$	中心线、对称线、定位轴线
细实线	———〜／———	$0.25b$	断开界线、尺寸线、引出线等

说明：图线的宽度 b 取 0.5mm，$0.5b$ 取 0.25mm，$0.25b$ 取 0.13mm。

幅面代号	图框线	标题栏外框线	标题栏分格线、会签栏线
A0、A1	1.4	0.7	0.35
A2、A3、A4	1.0	0.7	0.35

（4）字体及计量单位。Autocad 中钢结构详图中字体样式设置可参考如表2-8所示，计量单位除标高以米（m）表示外，其他均以毫米（mm）表示。

样式名称	字高（mm）	宽高比	字体样式	使用范围
大标题	5	0.7	字体名：宋体，字体样式：常规	公司名称
小标题	3.5	0.7	字体名：宋体，字体样式：常规	标题栏、会签栏文字、说明、节点名称、表头文字
Standard	3.5 或 2.5	0.7	SHX 字体 romans.shx，大字体 gbcbig.shx	其他汉字字体（3.5mm 字高） 其他数字字高（2.5mm 字高）
DIM_FONT	2.5	0.6	SHX 字体 romans.shx，字体样式：常规	所有尺寸标注（标注样式中字高定为 2.5mm）

（5）比例。所有图形均应尽可能按比例绘制，平面、立面图一般采用1:100、1:200，也可用1:150，结构构件图一般为1:50，也可用1:30、1:40；节点详图一般为1:10、1:20。必要时，可在一个图形中采用两种比例（如桁架图中的桁架尺寸与截面尺寸）。比例

宜注写在图名的右侧，字的基准线应取平；比例的字高宜比图名的字高小一号或二号。

标题栏中的比例为图纸打印时采用的出图比例。

（6）尺寸线的标注。详图的尺寸由尺寸线、尺寸界线、尺寸起止点（45°斜短线）组成；尺寸单位除标高以米（m）为单位外，其余尺寸均以毫米（mm）为单位，且尺寸标注时不再书写单位。一个构件的尺寸线一般为四道，由内向外依次为：加工尺寸线、装配尺寸线、安装尺寸线以及轴线尺寸（针对梁来说的），如图2-1所示。

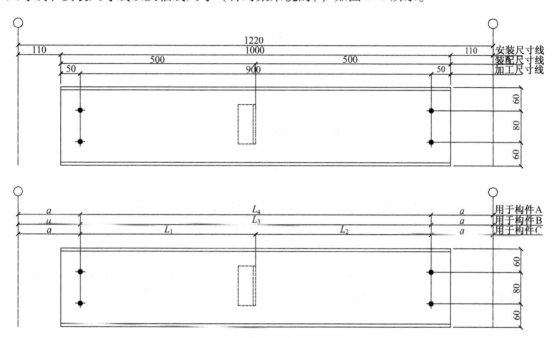

图 2-1　构件详图的尺寸线

当构件图形相同，仅零件布置或构件长度不同时，可以一个构件图形及多道尺寸线表示 A、B、C……等多个构件，但最多不超过 5 个。

（7）符号及投影。如图2-2所示，详图中常用的符号有剖面符号、剖切符号、对称符号，此外还有折断省略符号及连接符号、索引符号等，同时还可利用自然投影表示上下及侧面的图形。

①剖面符号。用以表示构件主视图中无法看到或表达不清楚的截面形状及投影层次关系，剖切符号应由剖切位置线及投射方向线组成，均应以粗实线绘制，0.5mm 线宽，剖切位置线的长度为6mm，投射方向线应垂直于剖切位置线，长度为4mm（短线方向为剖视方向），其编号字体高度为3.5mm。

②剖切符号。剖切符号图形只表示剖切处的截面形状，并以粗实线绘制，0.5mm 线宽，长度为6mm，其编号宜采用阿拉伯数字，按顺序连续编排，并应注写在剖切位置线一侧，编号所在的一侧应为该断面的剖视方向。剖面图如与被剖切图纸不在同一张图内，可在剖切位置线的另一侧注明其所在图纸的编号，也可以在图上集中说明。

③对称符号。若构件图形是中心对称的，可只画出该图形的一半，并在对称轴线上标注对称符号即可。对称线用细点画线绘制；平行线用细实线绘制，其长度为6mm，每对的

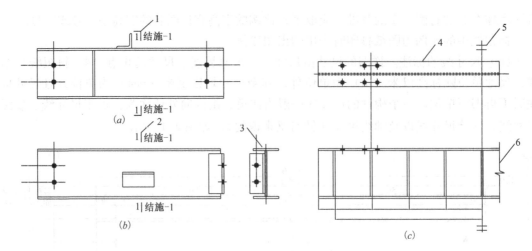

图 2-2　详图符号及投影

1—剖面符号；2—剖切符号；3—右侧自然投影；

4—上侧自然投影；5—对称符号；6—断开符号

间距宜为 3mm；对称线垂直平分于两对平行线，两端超出平行线宜为 3mm。

④折断省略符号及连接符号（图 2-3）。均为可以简化图形的符号。即当构件较长，且沿长度方向形状相同时，可用折断省略线断开，省略绘制［图 2-3 (a)］。若构件 B 与构件 A 只有某一端不相同，则可在构件 A 图形［图 2-3 (b)］上一确定位置加连接符号（旗号），再将构件 B 中与构件 A 不同的部位以连接符号为基线绘制出来，即为构件 B ［图 2-3 (c)］。

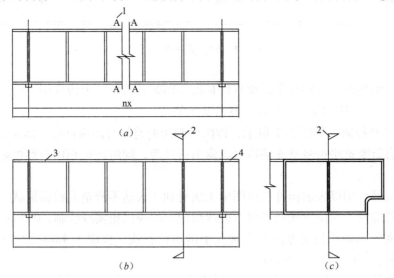

图 2-3　详图符号

1—折断省略符号；2—连接符号（旗号）；3—构件 A；4—构件 B

⑤索引符号。为了表示详图中某一局部部位的节点大样或连接详图，可用索引符号索引，并将节点放大表示。索引符号的圆及直径均以细实线绘制，圆的直径一般为 10mm，被索引的节点可在同一张图纸绘制，也可在另外的图纸绘制，并分别以图 2-4 表示：

图 2-4　详图中的索引符号　　　　　　图 2-5　索引剖面详图的索引符号

同时，索引符号也可用于索引剖面详图，在被剖切的部位绘制剖切位置线，并以引出线引出索引符号（图2-5），引出线所在的一侧应为剖视方向。

2.2.2　详图的位置和编号

零件、钢筋、杆件、设备等的编号，以直径为5mm（同一图纸应保持一致）的细实线圆表示，其编号应用阿拉伯数字按顺序编写。

详图的位置和编号，应以详图符号表示。详图符号的圆应以直径为14mm粗实线绘制。详图应按下列规定编号。

（1）详图与被索引的图纸同在一张图纸内时，应在详图符号内用阿拉伯数字注明详图的编号，如图2-6所示。

（2）详图与被索引的图纸不在同一张图纸内，应用细实线在详图符号内画一水平直径，在上半圆中注明详图编号，在下半圆中注明被索引的图纸的编号，如图2-7所示。

图 2-6　与被牵引图样同在一张　　　图 2-7　与被牵引图样不在同一张
　　　　图纸内的详图符号　　　　　　　　　图纸内的详图符号

详图的图号可按 A-1、A-2 顺序依次排列，对于分区或者分项的工程可采用 A-1、B-1、C-1 按顺序依次排列，其中 A、B、C 表示分区或者分项工程。

对于需要分段的构件，其图名参照构件标识方法、图号依次编排，将标题栏中共 1 张第 1 张作相应修改。

（3）定位轴线。绘制平、立面布置图以及构件定位轴线时，应标注轴线，详图轴线应以设计图为依据，轴线编号应以圆圈中字母表示柱列线，圆圈中数字表示柱行线。

（4）型钢标注方法。详图中型钢的标注方法见表2-9。

型钢标注方法　　　　　　　　　　　　　　　　　表 2-9

名称	截面	标注	说明	名称	截面	标注	说明
等边角钢	∟	$\llcorner b \times d$	b 为肢宽 d 为肢厚	钢管	○	$\phi d \times t$	d、t 分别为圆直径、壁厚

名称	截面	标注	说明	名称	截面	标注	说明
不等边角钢	 L	$∟ B×b×d$	B 为长肢宽	薄壁卷边槽钢	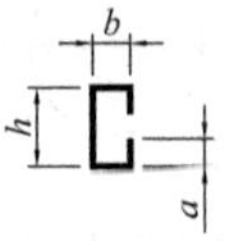	B $[h×b×a×t$	冷弯薄壁型钢加注 B 字首
H 型钢		$Hh×b×t_1×t_2$	焊接 H 型钢	薄壁卷边 Z 型钢		B $Zh×b×a×t$	
		HW（或 M、N）$h×b×t_1×t_2$	热轧 H 型钢按 HW、HM、HN 不同系列标准				
工字钢	 I	IN	N 为工字钢高度规格号码	薄壁方钢管	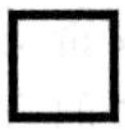 □	$B□h×t$	
槽钢	[	$[$ N		薄壁槽钢	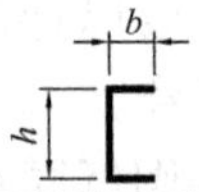	B $[h×b×t$	
方钢	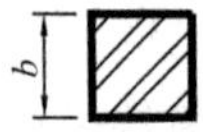	$□b$		薄壁等肢角钢	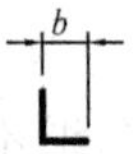	B$lb×t$	
钢板	—	$−L×B×t$	$L、B、t$ 分别为钢板长、宽、厚	起重机钢轨		QUxx	xx 为起重机轨道型号
圆钢		$φd$	d 为圆钢直径	铁路钢轨		xx（kg/m）钢轨	xx 为轻轨或钢轨型号

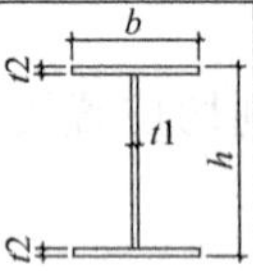

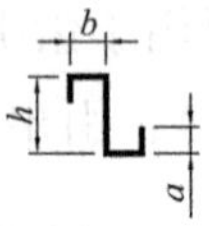

（5）螺栓及螺栓孔的表示方法。详图中螺栓及栓孔表示方法见表 2-10 所示。

螺栓及螺栓孔表示方法　　　　　　　　　　表 2-10

名　称	图　例	说　明
永久螺栓		
高强螺栓		
安装螺栓	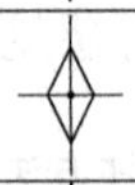	1. 细"＋"表示定位线
圆形螺栓孔	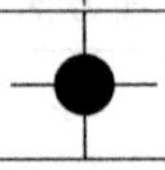	2. 必须标注螺栓孔、电焊铆钉的直径
长圆形螺栓孔	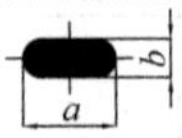	
电焊铆钉		

2.2.3　软件使用能力

随着社会经济的飞速发展，企业对员工应用计算机的能力要求也越来越高，钢结构深化设计师除了熟练运用基本的办公软件外，还要求必须掌握一种或几种深化设计软件，并能熟练应用。AutoCAD、Tekla Structures、PKPM、Strucad、Prosteel、Microsostation 软件是目前钢结构市场最为常用的几种深化设计软件。

2.3　沟 通 能 力

钢结构深化设计师通过钢结构施工详图在业主和总包商之间架起了一道桥梁，起到了重要的沟通作用。深化设计师在工程施工过程中去实现这个沟通过程，具有与各单位沟通的权利和责任。

在一个工程深化设计过程中，深化设计人员不仅需要跟自己周围的同事沟通，还需要和业主、总承包单位、监理单位、加工企业甚至安装队伍等相关单位不同层次人员的沟通。必须采取信息可靠、合适，恰当的沟通方式，使深化设计的工作井井有条。这对深化设计人员的沟通能力提出很高的要求。

2.3.1　沟通方式方法及技巧

当今社会，沟通的方法有很多，比如：电话、书面、邮件、网上聊天等，无论什么方式的沟通都需要形成记录。

沟通形式有：图纸会审、各种交底会议，设计洽商、变更、工程启动会等。

下面就深化设计工作对各单位的沟通要求如下：

1. 对深化设计单位要求

（1）对每一项目，派专人负责深化设计沟通工作，负责与设计院、施工单位等沟通，保证钢结构施工详图及时的审核和下发。

（2）针对每一项目的具体情况，制订工程进度计划，并报送施工单位。

（3）发现结构设计图纸问题，要及时与设计院和施工单位沟通。

（4）对深化设计自身造成的图纸问题，发现后要及时更正，宜以深化设计变更单（设计院审核签字）的形式发放加工企业，抄送施工单位及设计院，作为正式的竣工资料。

（5）对于送审各单位的图纸的审核意见要及时回复沟通。

2. 对施工单位要求

（1）派专人负责深化设计沟通工作，监管审核深化设计单位与设计院的沟通讨程。

（2）根据深化单位提供的进度计划，安排构件进场、构件安装等进度计划。

（3）对于深化设计单位送审的图纸要派专人及时审核，并把意见及时反馈给深化设计单位。

（4）在工程正式深化设计前，对深化设计单位做好深化设计交底记录。对沟通工作、深化进度及图纸质量提出具体要求。

3. 对设计院要求

（1）结构设计师对于深化设计送审图纸进行审核，并由深化设计工程师按照审核意见修改完成后签字确认。

（2）发现结构设计图纸问题后，要及时与深化设计单位和施工单位沟通。

4. 对加工企业的要求

目前一般都是加工单位与深化设计为同一个单位，这种情况下深化设计单位与加工企业的沟通就变成了深化设计部门与车间、工程部、质量部之间的沟通了。

对于每一个项目都采用固定的深化设计师参与整个过程各个层次的沟通和会议等。确定与各单位的沟通流程及沟通人员，并建立通信录，以便沟通。

2.3.2 规避风险

规避风险是指通过一些方法来消除风险或降低风险，保护目标免受风险的影响。规避风险并不表示能完全消除风险，也有可能只是降低损失发生的几率或降低损失程度，这主要取决于事先控制、事后补救两个方面。

无论事先控制还是事后补救，又无论采取何种形式或方法来规避风险，都离不开人与人的沟通。风险是在沟通过程中规避掉的。

抓住每一次沟通机会，对于不同的沟通内容寻找不同的沟通对象，采取不同的沟通办法。以下是规避风险的几个要点：

（1）提前预测风险。拿到图纸后，充分了解图纸，结合制作工艺、安装方法等，仔细认真地考虑重要部位的可行性，考虑各种关键制作工艺操作等技术问题。从而提前预见加工、安装等可能出现的风险问题。

（2）依法确立合同。市场经济为法制经济，对合同中所涉及的法律问题决不能掉以轻心。要做到沟通在前，把针对不同工程的不同条款写明白，做到款款明晰，条条踏实。

（3）加强过程管理。这是防范风险的重要环节。要配备足够的人才进行过程制作和管理。比如：建立沟通机制，抓住沟通的每一个环节保证工期进度、尽量降低成本、保证工程质量。

过程中的沟通非常重要，除了要保证工期采取巧妙办法保证沟通成功以外，还需要做好沟通过程的记录工作。例如：图纸会审会议结束后要会签图纸会审记录；交底会议要有交底记录等。

在图纸会审会议及交底会议完成后，有可能还会有重大问题或重要内容的沟通，此时建议组织各个相关单位一起讨论沟通，保证各个沟通环节畅通无阻，并形成完整的会议纪要。比如，确定构件分段位置建议施工总承包单位与安装队伍一起沟通，最好列出每根构件的分段位置，然后双方签字生效，如有变动随时沟通。

（4）总结经验教训。每个工程结束后及时地总结经验教训，包括预测风险、工程质量、成本及过程管理中的成功与失误。

第3章　做好钢结构施工详图

3.1　钢结构施工详图

随着我国建筑业的发展，钢结构是目前广泛应用的一种建筑结构。随着钢结构理论研究和技术的不断进步，钢结构将在更多的工业与民用建筑工程中采用。在钢结构工程的实施过程中，主要经历钢结构加工和钢结构安装两大过程。其中钢结构加工过程的龙头工作就是钢结构深化设计。钢结构深化设计是钢构件加工的前提、基础和依据，是整个钢结构工程的开端。钢结构深化设计有利于保证工程质量并方便施工。钢结构深化设计的施工详图质量高低直接影响着钢结构工程的进程与质量。因此，在钢结构工程施工过程中，钢结构施工详图的管理工作要给予高度的重视。

3.1.1　施工详图与设计图的区别

钢结构施工详图属于专业施工制作图，是把工程中每根构件尽可能地完全表达出来的详细信息，为构件加工和构件安装提供必要依据，故也称钢结构加工制作详图。

钢结构设计图与钢结构施工详图的区别见表3-1。

钢结构设计图与钢结构施工详图区别　　　　　　　　　　　　表3-1

钢结构设计图	钢结构施工详图
根据工艺、建筑要求及初步设计等，并经施工设计方案与计算等工作而编制的较高阶段施工设计图	直接根据设计施工图编制的工厂施工及安装详图（可含有少量连接、构造等计算），只对深化设计负责
目的、深度及内容均仅为编制详图提供依据	目的为直接供制造、加工及安装的施工用图
由设计单位编制	一般应由制造厂或施工单位编制
图纸表示较简明、图纸量少；其内容一般包括：设计总说明与布置图、构件图、节点图、钢材订货表	图纸表示详细、数量多，内容包括：构件安装布置图及构件详图

3.1.2　施工详图的构成要素

钢结构施工详图一般包括：图纸目录、钢结构施工详图总说明、锚栓布置图、构件布置图、安装节点图和钢构件详图。

钢构件详图中不仅包含了简单清楚明了的图形，还包含了清晰而详细的构件列表和材料列表。为了方便图纸审核，方便构件加工、构件出厂、构件进场、构件安装过程的各方面检验，深化设计师们把构件列表和材料列表进行了汇总，还设计出了几种表格，大大方便了各个流程的检验工作。

3.2 钢结构施工详图的作用

深化设计师运用专门的工程语言，将构件的一系列信息（加工尺寸、加工要求、连接方法、工程中位置等）详尽地介绍给构件制作和安装人员。构件制作和安装人员通过学习钢结构施工详图，领会到设计意图和设计要求，并贯穿到工作中去。

3.2.1 要素作用分析

（1）图纸目录。钢结构施工详图图纸目录可以让工程施工人员了解整个工程总图纸量，也为资料管理人员和城建档案馆的资料验收人员提供了检验竣工图纸的依据。

（2）总说明。钢结构施工详图总说明可以让工程施工人员了解工程的钢结构概况，特殊的焊接部位，特殊的焊缝，特殊的焊接材料，特殊的施工工艺、工程构件编号原则等。

（3）构件详图。钢构件详图具有简单清楚明了的图形。可以让工程施工人员明确构件的尺寸大小，构件的焊缝要求，并且通过图形可以了解构件的加工难易程度，运输难易程度，保证工程不易施工部位做到提前预见，及早提出解决办法。

钢结构施工详图中的钢构件详图还具有清晰而详细的构件列表和材料列表。这样可以使施工图预（结）算部门根据表中提供的各种数据结合图形表达的构件加工难易程度，很快捷地进行施工图预算和结算；构件加工部门根据表中的数据检查构件、给构件标识等，并且更容易对加工过程进行控制和管理；构件运输部门可以根据表中数据编制运输计划，指导运输过程；构件安装部门可以根据表中数据编制构件吊装计划，并且指导吊装过程；钢结构试验部门、资料管理部门可以根据表中数据编制试验计划、工艺做法等。

3.2.2 为业主提供帮助

业主可以通过钢结构施工详图（包括准确的构件列表和材料列表）很快地了解构件的质量要求和构件的施工难度，也可以了解工程构件加工和构件安装工期。

钢结构施工详图为构件加工和构件安装提供了必要的依据，在业主和总包商之间架起了一道桥梁，起到了重要的沟通作用。

3.3 钢结构施工详图的深化设计过程

钢结构深化设计必须严格遵循现行规范、标准的规定，依据钢结构设计图进行深化设计。因此，要求深化设计师要牢记规范和标准中的有关条文，而且必须熟悉钢结构设计图。

3.3.1 准备工作

（1）深入学习、审核施工图。根据"图纸会审-审图要点"及自己的看图经验，对施工图进行了解和掌握，最终提出有针对性地深化设计、加工制造等方面有关的疑问，并与相关方负责人联系。

（2）掌握主要材料供应情况。

材料的供应非常重要，如果处理不当，可能会出现以下现象：施工详图已经下发，但是当时钢材市场没有相应材料，此时再与工程设计单位联系，要求材料代换的变更，往往会耽误工程工期。所以，作为深化设计师最好随时了解钢材市场供应信息。即使不十分了解，也要在做深化设计之前先做好该方面的咨询，这样会给您的深化设计过程顺利进行打下很好的基础。

（3）掌握构件生产单位的生产能力。了解重要构件加工和安装工艺流程以及产品质量标准，还有为保证达到工艺标准所采取的各种措施。

一些工艺要求需要标注在深化设计图纸中的，比如焊缝的大小、倒角的大小、全熔透焊范围、油漆范围、底漆处理等。其实这些都是深化设计师应该具备的知识。

（4）了解生产场地布置情况。某些项目可能会需要预拼装，所以必须了解其拼装场地，并和生产或安装施工有关部门沟通联系。

（5）了解运输情况。简单的运输常识应该具备，比如，运输时一般构件长 9～12m，宽 3.5m 为宜，再超大构件需要在运输前与相关部门沟通协调。

（6）了解现场安装要求及情况。现场安装部署情况非常重要，比如塔吊型号及塔吊吊重，这些都会决定深化设计时柱、梁等构件的分段原则的制定；施工现场场地的大小，施工现场的钢构件堆放场地的大小也会有可能影响到构件的分段等方面。

3.3.2 具体实施

（1）建模放样，绘制构件图。放样（要求 1:1），放样的同时可得到构件图形；经过对图形的整理，尺寸、零件号、构件号分别标注在相应位置；编制材料表、书写说明等。每一根构件都要经历这样的过程，最后构成整个工程的构件图。

目前很多软件都可以做钢结构深化设计，一般应用较多的为：Auto CAD、Tekla Structures、Strucad 等。

（2）绘制布置图。根据构件编号、设计施工图、分段原则等各方面条件，绘制整个工程的布置图（包括平面、立面、剖面等）。为构件的安装提供最大帮助，使其快速便捷的安装。

（3）编写目录、构件清单等。完成所有的深化设计图纸的绘制后，需要对其图纸进行登记造册，即整理图纸目录、构件清单、零件清单等才算完成工程的深化设计过程。

（4）装订。将其与钢结构施工详图总说明、锚栓布置图、构件布置图、安装节点图、钢结构构件图装订在一起。经过初步校核和进一步审核并由相应负责人签字后，才能作为指导加工和安装的钢结构施工详图。

（5）综述。钢结构深化设计阶段是继钢结构设计施工图设计之后的重要阶段。在此阶段，深化设计师根据钢结构设计图提供的构件布局、构件形式、构件截面及各种有关数据和技术、工艺要求等，严格遵守《钢结构设计规范》GB 50017 及其他现行规范的规定，对构件的所有信息进行描述。

在这一过程中要按照《钢结构工程施工质量验收规范》GB 50205、《多、高层民用建筑钢结构节点构造详图》01（04）SG519 等规范、图集的规定，根据制造厂的具体条件，遵守便于施工的原则，并考虑运输单位、安装单位的运输和安装能力，确定构件的分段。

最后，在《建筑制图标准》GB/T 50104、《建筑结构制图标准》GB/T 50105、《钢结构设计制图深度和表示方法》03G102 等标准规范、图集规定的基础上，运用钢结构制图专用的工程语言，将众多构件的整体形象、构件中各零件的加工尺寸和要求，以及零件间的连接方法等，详尽地介绍给构件制作人员；同时也将各构件所处的平面和立面位置，以及构件之间的连接方法详尽地表述给构件安装人员。

3.4 钢结构施工详图的合格标准及注意要点

3.4.1 合格标准

图纸是一种直观、准确、醒目、易于交流的表达形式。它能够很好地表达自己的设计思想、表达自己的观点，或者展示自己的想法。

钢结构施工详图设计与绘制是一项劳动量很大并繁琐的工作，随着计算机技术的发展，现在有很多种软件可以很快地绘制出详图。不管用什么软件绘制或表达，深化设计师要时刻记住自己的目的是什么。

钢结构施工详图，也叫钢结构加工制作详图。关键在于"详"字，需要深化设计师以尽量少的语言，尽量少而清晰的图形表达出自己的意图，简洁明了的说明问题。

钢结构施工详图首先是准确，必须正确的表达设计意图和目的；其次要清晰，让人一目了然；再者就是合乎工艺要求。大致表述为以下几条：

（1）图形准确。

（2）图幅比例适当。

（3）总体布局大方得体。

（4）文字标注清晰简明。

（5）节点全面清楚。

（6）材料情况表达详尽。

（7）焊缝形式要求合理。

（8）构件编号通俗易懂。

（9）安装方位能够表达清楚。

（10）工程重要情况及一些技术要求措施要表述清楚。

3.4.2 注意要点

深化设计师必须对深化设计及深化设计过程有较深入地了解和掌握。

深化设计师必须要明确钢结构设计图表达的意图，而钢结构设计图的设计人员应该让深化工程师尽可能地容易理解其设计理念和方向，两者紧密相连。所以，在深化设计过程中，深化设计师与设计图设计人员必须保持紧密联系，以保证工程的设计意图得到完美展现。

要做好深化设计，拟推荐的标准和规范及书籍资料主要有：《钢结构设计规范》GB 50017、《钢结构工程施工质量验收规范》GB 50205、《建筑制图标准》GB/T 50104、《建筑结构制图标准》GB/T 50105、《钢结构设计制图深度和表示方法》03G102、《焊缝符号表示法》GB324、《钢结构连接节点设计手册》（中国建筑工业出版社出版）、《多、高层建筑钢结构节点连接》03SG519—1、2、《多、高层民用建筑钢结构节点构造详图》01(04) SG519、《建筑钢结构焊接技术规程》JGJ81、《钢结构常用数据速查手册》（中国建材工业出版社出版）、《建筑钢结构施工手册》（中国钢结构协会编制，中国计划出版社出版）以及相关的钢结构设计原理等书籍。

除了参考有关书籍外，多与同行交流并吸收他们的经验也很必要。

3.5 常见钢结构类型及施工详图绘制要点

3.5.1 厂房类钢结构

厂房类钢结构一般构件的类型多，数量大，并且要求加工周期短。

深化设计阶段需要注意以下几点：

（1）统计工程中用到的型钢规格与材质的工作较为繁琐。市场上无法采购的规格要尽早通知业主替换相应规格。

（2）有吊车的厂房，吊车梁及牛腿的高程尤为重要（可以利用吊车轨顶标高及轨道中心线位置，推算出此标高），务必要计算准确。另外，吊车背梁或吊车桁架与吊车梁之间的位置关系，走道板及主柱之间的位置关系，牛腿与立柱有无特殊的焊接要求等也要表达清楚。各处屋面大梁或桁架与吊车梁的距离是否满足吊车净高的要求也需要仔细计算检查。

（3）厂房多为坡屋面，所以各区檐口及屋脊标高也要计算并表示准确。

（4）厂房一般采用彩钢板作为围护结构，其开孔的收边，一般说来，都需布置角钢或檩条。

3.5.2 钢骨混凝土结构

钢骨混凝土类钢结构构件与混凝土一起承担荷载，需要设置栓钉增加与混凝土的握裹力，并且需要保证混凝土的浇筑工作能够顺利进行。

深化设计阶段需要注意以下几点：

（1）柱底板和柱中间肋板在制作时要做好混凝土气孔，以便于混凝土浇筑。

（2）为了增加钢构件与混凝土的握裹力，需要钢构件上设置栓钉；栓钉布置除了满足构造要求外，还要保证在构件制作和安装时不发生任何碰撞；栓钉位置及数量也要明确。

（3）在柱上要留梁的主筋孔位，梁上要留柱的箍筋孔位，深化设计图中要表现出来（包括孔的大小、标高、间距等）。

（4）若是采用组合楼板，深化设计施工图中要特别指出钢梁的上皮不要油漆。

3.5.3 大型桁架类屋面结构

大型桁架类屋面钢结构构件跨度大，重量大。

深化设计阶段需要注意以下几点：

（1）需要用三维放样，所以用 Xsteel 等专业详图软件较好。

（2）桁架跨度很大，牛腿较多，起拱方案需要提前做好。

（3）大多用到板材较厚，定制周期较长，市场上买不到的材料时及时通知业主，要求替换规格。

（4）板材厚，焊接容易撕裂或是变形，所以在详图中要特别注明重要焊缝要求，及特殊焊接工艺要求。

（5）由于牛腿较多，所以图纸标注工作较繁锁，需要特别注意尺寸不能缺少和混乱。

（6）由于拼接要求较高，所以要求图纸构件与构件连接节点没有任何误差。

（7）桁架支撑系统有时采用管材，要注意其节点连接方式及所用设备。比如，管管相贯，需要用到三维（或是五维）相贯线切割机。

3.5.4　网架类场馆

网架类钢结构构件跨度大，多为弧形。

深化设计阶段需要注意以下几点：

（1）大跨度的上下弦经常会用到高强材料，需提前定购。

（2）弧形屋面的放样控制线应保证准确无误。在构造弧形杆件时，尽量构造成两维弧形杆件，而不要构造成三维弧形杆件（如螺旋杆）。

（3）上下弦的断点位置要准确，续接方式要合理，以免续接误差增大。

（4）通常桁架的一头会是可移动铰支座，要注意其构造形式。支座用到的锚栓通常是高强锚栓，伸出长度也有特殊要求。

（5）通常桁架的两头腹杆比较粗，中间腹杆比较细，注意不要用错规格。

（6）上弦水平斜撑，其定位及连接方法是弧形桁架中最难的部分，尤其是当屋面不是正规柱面或球面时。

（7）桁架下弦有维修便道时注意其与便道的连接方式，尤其注意是否跟腹杆冲突。

（8）方管焊接类桁架应注意其节点处的焊接方式。最好与结构设计师达成一致协议，规定工作点最大可允许偏移值。

3.5.5　桥梁类钢结构

桥梁类钢结构一般构件跨度、自重及断面尺寸均较大。

深化设计阶段需要注意以下几点：

（1）合理划分梁段。考虑车间起重能力、运输能力、拼装场地、桥上组装等因素，使梁段尽可能大，以减少在拼装场地及桥上的作业量。

（2）在节点设计中要标出节点的受力状态、连接形式，如是高强度螺栓连接，还应表示出摩擦面的抗滑移系数、螺栓预拉力等数值。

（3）由于桥梁类钢结构主要承受动荷载，因此对焊缝的要求非常高，焊接工艺、焊缝强度、位置、外形、施焊方向等均应详细标出，特别是焊接收缩量和为消除焊接变形而预加的反变形也应在深化设计施工图上明确标出。

（4）为减少钢结构在加工制作过程中的翻转、搬运次数，在深化设计阶段的组装顺序设计也显得非常重要，一个好的组装顺序可以减少构件的搬动次数，减少由外力而引起的变形的可能性。

（5）桥梁类钢结构大部分暴露在大气中，所以还应在深化设计施工图中说明涂料的种类、涂装时间及对涂层的要求等。

第4章 深化设计软件 Tekla（Xsteel）操作指南

4.1 软件简介

本章主要介绍软件用户界面和基本功能，并解释如何使用基本命令。如果您对 Tekla Structures 已经熟悉，请直接进入本章第 6 节"重点命令的介绍"。下面的介绍中 Tekla（Xsteel）简写为 Xsteel。

4.1.1 Xsteel 软件、Tekla 软件及 Tekla Structures 软件

（1）Xsteel 是世界有名的钢结构施工详图软件，于 2004 年更名为 Tekle Structures，新的软件不仅具有钢结构模块，更具备了结构设计模块、混凝土模块和项目管理模块等，使其拥有了更加完善的功能。目前业内还是习惯称呼其为 Xsteel。

（2）Tekla 公司是开发结构设计软件的颇有名气的软件公司，总部设在芬兰。其主要产品为 Tekla Structures、Xpower、Xcity、Xstreet 软件。

（3）Tekla Structures 软件包括 Xsteel 软件的主要功能，2004 年，Tekla 公司在钢结构模块基础上增加了其他的模块，名字不能再叫 Xsteel，所以更名为 Tekla Structures。使它的功能更加强大，使其成为全球较有名气的钢结构施工详图设计软件。经 Tekla 软件公司有效统计：2005 年以后中国的钢结构企业里面有 80% 的企业在使用 Xsteel 软件；有 60% 曾经获得钢结构金奖的项目都是用该软件做的深化设计；目前该软件全球市场占有率高达 60%。

4.1.2 Tekla Structures 软件的功能完善

Tekla Structures 软件是一套多功能的三维建模软件。它能让您轻松创建出精确而智能的钢结构模型。借助这个智能的三维模型，您可以实现在规划、设计、制造、安装过程中自由地进行信息交换。同时利用它浩大的节点库、多用户模式（多人在同一时刻对同一模型进行操作）并结合各种信息，可以显著提高工作效率及工作精度，降低工作成本，大幅度提高生产率。

Tekla Structures 软件基于 Windows NT/2000/XP 的电脑系统，图形界面提供了可以自定义、浮动的图标及工具条，提供了快速搭建结构模型的各种工具。

Tekla Structures 软件使用了最新的 OpenGL 技术，实现了多种模式显示您的模型。动态缩放及拖动功能帮助任意旋转模型，实现在模型中"飞行"。

Tekla Structures 软件实现了不需要修改模型及渲染视图之间的来回转换，并且可以同时在两维及三维视图中工作，以给出更多弹性的选择。

4.1.3 Tekla Structures 软件的操作智能

Tekla Structures 软件拥有全系列智能连接节点，并且参数准确，方便快捷创建节点；另外，还可以创建符合自己要求的独特的节点，并且都可保存在独属于自己的节点库，以方便将来的使用。

Tekla Structures 软件拥有自动化的宏，除了部分节点宏之外，还可方便快捷地创建出复杂的结构，比如楼梯、扶手、桁架、钢塔等。

Tekla Structures 软件自动创建图纸和报表，并且图纸和报表与模型链接，实现模型修改，图纸和报表具有自动更新功能。它具有图纸克隆功能，实现图纸风格一致，全面提高产量。

智能的 Tekla Structures 软件，会自动对模型的修改作出调整。比如，如果想修改了一根梁或柱的长度或位置，它会自动识别出该项改动，并对相关的节点、图纸、材料表、报表以及数控数据作出调整。

Tekla Structures 软件面向全球使用，该产品提供多种语言并根据当地要求调整。

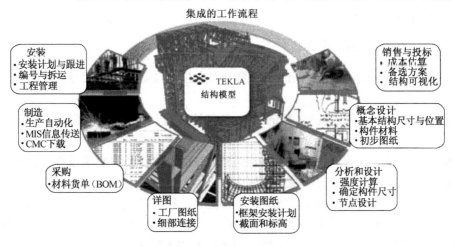

图 4-1　软件信息集成

正如图 4-1 所示，该软件实现了所有信息都集中在单一模型中。另外，软件的每一模块都有独特的操作方法及教程。本书只讨论详图信息，即如何利用 Tekla Structures 深化设计模块进行钢结构深化设计工作。

4.1.4 对计算机硬件要求

随着软件的升级，对计算机硬件要求也越来越高。就 Tekla Structures 13.0、Tekla Structures 14.0 及 Tekla Structures 15.0 版本来说，建议下述计算机配置便可以。

1. 处理器

Intel Core 2 Duo CPU 2.00 GHz 或 AMD Athlon 64 ×2 5050E AM2。

2. 内存

4 GB 或以上。

3. 硬盘

150～200 GB，7200～10000 rpm。

4. 显卡

支持 OpenGL，显存 512 MB，支持双显示器。

5. 显示器

21″或者 24″（一台或二台）。

6. 鼠标

3 按键无线光电鼠标，例如罗技型。

7. 网络设配器（针对多用户）

1 GB 双向。

8. 备份输出设置

DVD－RW DLT。

9. 操作系统

Windows XP 专业版 或是 Microsoft Vista。

10. .NET Framework

.NET Framework 2.0 版本。

4.1.5 支持正版软件

2007 年，Tekla 公司曾组织在世界范围内大力打击盗版行为，而且这种行为一直从未间断过。

从原理来讲，正版和盗版光盘的核心内容是没有区别的，主要区别就在于服务与价格。

正版用户有权利在遇到任何技术困难时致电 Tekla 软件公司要求帮助，他们所提供的信息是最权威的，基本上所有问题都能解决。

盗版因为是破解过的，内核可能破解得不完整，往往还包含各种恶意插件，甚至还有病毒和木马。它有可能会对您的计算机性能产生危害，使计算机感染病毒，损坏光驱。

另外，盗版软件运行速度、稳定性、功能都不如正版软件。

呼吁每一个消费者，对盗版软件说"不"，支持拥护正版软件！

4.2 一 般 信 息

Tekla Structures 软件已历时较长时间，升级很快，版本也多。下面我们以 Tekla Structures 11.0 版本的安装过程为例，来了解 Tekla Structures 的一般信息。

4.2.1 基本配置

图 4-2、图 4-3 显示了 Tekla Structures 软件的配置及附加模块。

4.2.2 主要功能

根据其配置可以了解到，从建筑到施工整个过程，都可以用该软件来完成，比如：概念设计、结构设计、深化设计、制造和项目管理等，实现整个过程流程化。

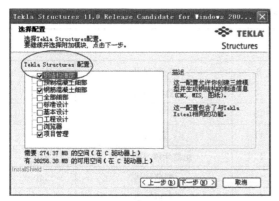

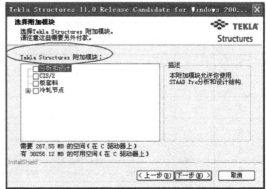

图4-2　选择配置　　　　　　　　　　　　图4-3　选择附加模块

本书只讨论它的钢结构深化设计功能的利用，在以后的叙述中，Tekla Structures 软件表示钢结构深化设计模块。

Tekla Structures 软件通过利用宏、节点并结合手工搭建空间三维模型，将各个杆件连接起来，经过审核无任何碰撞和问题后，自动生成钢结构施工详图和各种信息报表。

图纸和报表都与模型进行链接，如果模型变动，图纸和报表会自动更新，从而提高了钢结构深化设计的正确率，保证了钢结构施工详图的正确性，为安装精度和进度得到提高打下坚实基础。

4.2.3　环境和语言

Tekla Structures 软件提供了19个国家环境库和14种语言（图4-4、图4-5）。提供的环境有英国、法国、德国、荷兰、意大利、瑞士、美国、澳大利亚、日本、中国、东南亚、韩国、印度、南非、巴西、西班牙、葡萄牙和中国台湾地区。

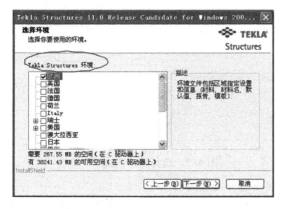

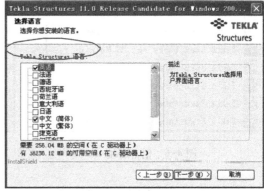

图4-4　选择环境　　　　　　　　　　　　图4-5　选择语言

环境指的是特定于某个地区的设置和信息。其中定义了您所使用的型材、材料名称、默认值、连接、向导、变量、报表和模板。

提供的语言版本见表4-1所示。

序号	语　　言	缩写	序号	语　　言	缩写
1	中文（简体）	chs	8	匈牙利语	hun
2	中文（繁体）	cht	9	意大利语	ita
3	捷克语	csy	10	日语	jpn
4	荷兰语	nld	11	波兰语	plk
5	英语	enu	12	葡萄牙语（巴西）	ptb
6	法语	fra	13	葡萄牙语	ptg
7	德语	deu	14	西班牙语	esp

就如我们打开模型时看到的，如图 4-6 所示。

提示：有时一个模型里可能用到不同国家的型材，这时您就可以把不同环境的材料库合并到一起。

Tekla Structures 15.0 版本提供了更多的环境和语言。

4.2.4　单用户模式及多用户模式

Tekla Structures 软件可在单用户或多用户模式下使用。安装期间，系统将提示您是否安装多用户功能。如图 4-7 所示。

图 4-6　语言环境

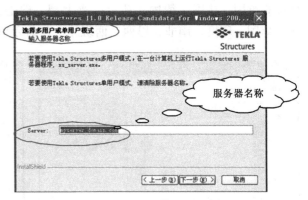

图 4-7　选择用户模式

当每次只有一个用户使用模型时，Tekla Structures 软件也能使用多用户模式运行，只是服务器设成同一台计算机即可，但在这种情况下建议您在单用户模式下运行。

如果多个用户同时使用一个模型，可以选择在多用户模式下运行 Tekla Structures 软件。建议仅在需要使用多用户模式的附加功能时才在多用户模式下运行 Tekla Structures 软件。

要在多用户模式下运行 Tekla Structures 软件，必须将网络中的一台计算机设置为运行

Tekla Structures 服务器程序的服务器。有关详细信息，请参见本章第 5 节"能力提高"。

提示：一台计算机每次只能打开一个模型。如果您已经打开一个模型，再打开另一个模型时软件会提示您保存。

4.2.5 编辑器

Tekla Structures 包含以下编辑器：模型、图纸、符号、模板和用户单元编辑器。

（1）模型编辑器：它是 Tekla Structures 软件的主要启动模式。您可以使用模型编辑器创建三维模型并创建图纸和报表。如图 4-8 所示为模型编辑器。

（2）图纸编辑器：在图纸编辑器中您可以处理图纸，比如修改、更新等。Tekla Structures 软件在您打开任意图纸时自动启动图纸编辑器。图 4-9 所示为图纸编辑器。

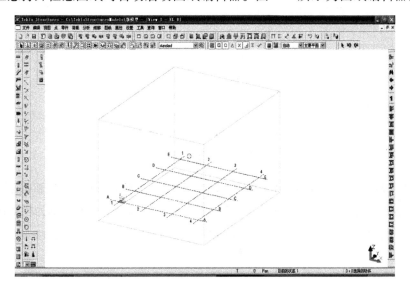

图 4-8　模型编辑器

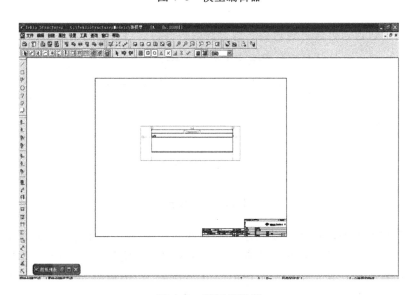

图 4-9　图纸编辑器

（3）符号编辑器：在符号编辑器（SymEd）中，您可以创建并修改在图纸、报表和模板中使用的标记。在模型或图纸编辑器中，单击'工具'→'符号'……。如图4-10所示为符号编辑器。

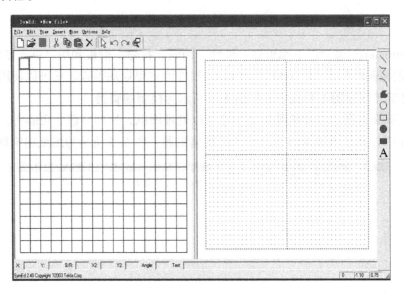

图4-10　符号编辑器

（4）模板编辑器：在模板编辑器中（TplEd）创建并修改用于图纸和报表的模板。在模型或图纸编辑器中，单击'工具'→'模板'……。如图4-11所示为模板编辑器。

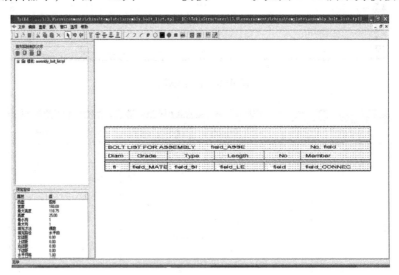

图4-11　模板编辑器

（5）用户单元编辑器：您可以创建自己的连接、细部以及部件，并定义它们的属性。您可以在对象之间建立依赖关系，以使定制组件参数化并使其能够适应模型中的变化。要打开用户单元编辑器，请选择一个用户单元（节点），右击鼠标出来菜单→单击'细部'→'编辑用户单元'按钮。如图4-12所示为用户单元编辑器。

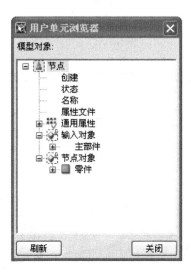

图 4-12　用户单元编辑器

4.3　用户界面

Tekla Structures 软件版本不同，界面也不同。下面我们以 Tekla Structures13.0 版本为例，介绍用户界面。

当您启动 Tekla Structures 时，会出现新的窗口，如图 4-13 所示。

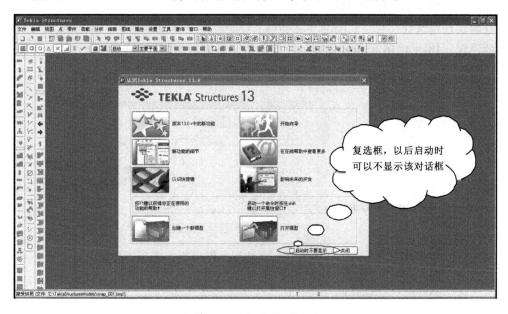

图 4-13　新建模型界面

大多数菜单选项和所有工具栏的图标在开始时灰显,表明它们未激活。当您打开或创建一个模型时,图标和可用菜单选项将被激活。就会看到如图4-14所示的模型编辑器的界面。

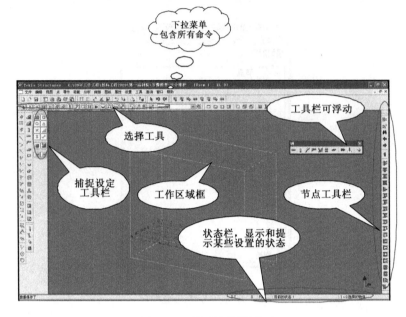

图4-14　模型编辑器界面

利用模型编辑器,通过在不同的视图内进行操作,完成我们模型的搭建和节点的连接。

系统背景颜色默认为黑色,是可以改变的。

方法一:点击菜单'工具'→'高级选项'按钮,出现如图4-15所示对话框。通过改变数值,达到改变颜色的目的。

方法二:改变在"C：\ TeklaStructures \ 13.0 \ bat \ environment"文件夹下的.bat文件中的设置。如图4-16所示同样通过改变数值,达到改变颜色的目的。

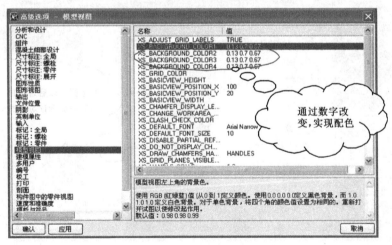

图4-15　模型视图高级选项

```
rem *** Rendered Views ---------------------------------------------
rem set XS_USE_SOFTWARE_RENDERING=TRUE
set XS_BACKGROUND_COLOR1=0.2 0.2 0.8
set XS_BACKGROUND_COLOR2=0.2 0.2 0.8
set XS_BACKGROUND_COLOR3=0.1 0.1 0.1
set XS_BACKGROUND_COLOR4=0.1 0.1 0.1
rem     background color in rendered views   Red Green Blue 0.0 - 1.0 values
```

图 4-16　改变数值后改变颜色

注意数字输入时，数字之间要加空格。可改变的颜色参见附件配色表。

在渲染显示状态下，才能可见或更改系统背景颜色。线框显示状态下，可见视图背景色黑色。

4.4　名词、术语解释

Tekla Structures 软件是一个用于高效的绘制、修改工程图纸的辅助设计类应用软件。在软件研发过程中，根据钢结构深化设计行业特点及软件特征等因素，使得在 Tekla Structures 软件中产生了许多有特定意义的名词术语，或是术语名称相同却应用时有别于其他软件。作者认为初学者有必要参照这些名词术语的解释去学习如何应用软件。下面就一些重要的术语作出解释。

4.4.1　软件应用基础类

1. 菜单栏

Tekla Structures 软件窗口中的一块区域，位于蓝色标题栏下，其下拉菜单包含了所有的 Tekla Structures 软件命令。

2. 鼠标单击

按下鼠标左键（主键）一次。

3. 双击

快速连续单击鼠标左键两次。双击一个对象或图标将显示对象相应的属性对话框。使用双击也可以覆盖对话框中字段的内容。注意，一次仅一个词被高亮显示。

4. 鼠标中键

可以是滚轮或普通按键。您可以将鼠标中键用于接受命令。例如，当 Tekla Structures 提示您选取一系列对象时，您可以单击中键来结束选取；按住鼠标中键滚轮不放，移动鼠标可以平移视图；转动鼠标中键滚轮可以缩放视图。

5. 右键单击

单击鼠标右键（次键）一次，显示弹出菜单。弹出菜单包含您可在所选对象上执行的命令。

6. 拖动

先选择一个对象，然后在移动鼠标时一直按住鼠标左键不放，这样便可移动该对象。例如，您可以在屏幕上拖动窗口的标题栏将窗口移到另一位置。

7. 工具栏

工具栏中包含便于使用最常用命令的图标。工具栏位于菜单栏之下。

8. 局部坐标系统

部件的坐标轴（x、y 和 z）。例如，x 轴平行于部件的长度方向。

9. DXF

从 Tekla Structures 软件中将数据传输到其他程序（或从其他程序到 Tekla Structures）的 CAD 图纸数据交换格式。

10. DWG

标准的 AutoCAD 图纸文件格式。

4.4.2　Tekla Structures 软件专有名词

1. 部件

基本的模型组件。部件指大的构件，如梁和柱，也可指小的物件，如板。

2. 基本部件

装配件中最长的主部件。定义装配件的绘制方向。

3. 首部件

一个装配部件，可以将其他部件焊接或栓接到该部件上，也可以将其焊接或栓接到其他部件上。焊接或栓接的顺序决定了首部件。一个首部件可以同时是一个装配件的主部件和另一装配件的次部件。

4. 主部件

一个装配部件，其他部件可以焊接或栓接到该部件上，但该部件不能焊接或栓接到任何其他部件上，也俗称主零件。装配件可以有一个或多个主部件。焊接和栓接的顺序决定了哪个部件将成为主部件。桁架的弦杆是一个主部件的典型例子。

5. 次部件

一个装配部件，该部件被焊接或栓接到其他部件上，但不能将其他部件焊接或栓接到该部件上。

6. 相邻部件

一个不属于某装配件或浇筑单元但与之相连的部件。

7. 构件

一个主要的、承受荷载的部件。

8. 子构件

通过焊接、螺栓连接或以其他方式连接到其他构件的构件。另请参见装配件。子构件保留自己的构件信息和主部件信息。

9. 折梁

折梁是一个连续梁，通过选取点分段创建。梁的各段是直的，但在段的交接处可以是弯曲的。如，依据折线制成的梁就是折梁（图 4-17）。

10. 细部

细部是组件的子类型。它连接到一个部件并自动创建所需的板、结合、螺栓等。细部示例：底板、加劲肋、吊钩。

11. 装配件

所有通过工厂焊接和工厂螺栓连接的部件组成一个装配件，它是在工厂制造的一个实体。

12. 主模型

一个在多用户模式下使用的共享模型。特定用户的模型、计划中的所有更改将保存并合并到主模型中。

13. 控柄

一个您可以移动以修改对象的尺寸和形状的矩形点（图4-18）。当您单击选中对象时，Tekla Structures 将显示控柄。

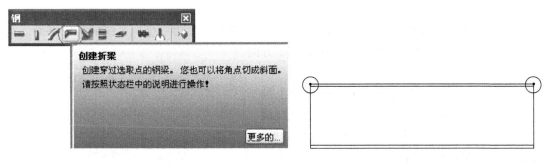

图4-17　钢折梁　　　　　　　　　　　　　图4-18　控柄

Tekla Structures 软件使用控柄标识部件的方向。当您选择了一个部件，部件起始点的控柄呈黄色，而终点的控柄呈紫色。

您可使用控柄来移动部件端部：

首先，选择部件显示控柄。

其次，单击要移动的控柄，Tekla Structures 将高亮显示该控柄。

然后，像移动其他对象一样移动控柄。

在这里，Tekla Structures 软件开通了拖放功能，只需摁住鼠标左键，将控柄拖动至新位置即可。

当您想要仅选择部件控柄，可选择该部件，然后用鼠标点取控柄点，控柄点即可高亮显示。

14. 用户定义截面

一个由用户定义其横截面的截面。

15. 用户定义属性

与对象关联的单个值或特征。用户定义属性是对象基本属性的补充。

16. 布局

图纸样式，包含页面和表格（图纸标题等）。

17. 捕捉开关

当在模型中创建对象或编辑图纸时，一个能控制捕捉到不同位置和点的设置。

18. 数据库

截面、材料、螺栓、螺栓装配件以及绘图仪目录过去都被称为 Xsteel 中的数据库。

19. 属性

与实体/对象关联的单个值或特征。

20. 冻结

将一张图纸冻结可以防止其被意外修改。如果即使模型又发生更改，您也要在图纸中保留修改结果，如附加标记和尺寸等，则可冻结图纸。

21. 锁/锁定

锁定一张图纸，即使在模型中已经发生更改，也能防止图纸被打开、更新、克隆、删除或修改。另请参见冻结。锁，指与软件一起提供的硬件锁。

22. 工作点

部件的创建点。主部件和次部件参照线的交点也是工作点。

23. 工作平面

一个红色坐标箭头标记，指明模型的当前、局部或某种用户坐标系统的工作平面。箭头标记定义 xy 平面并且根据右手定则确定 z 方向。

24. 工作区

一个有限区域，可使模型中特定部分上的操作更快更容易。Tekla Structures 用绿色虚线表示工作区。工作区外的对象存在但不可见，这样的好处是，举例说，您可以专注于一个子结构，模型的视图将更简单并能快速更新。

25. 视图

从一个特定位置对模型的展现。为了从各个角度观看 Tekla Structures 模型，您可以移动及旋转模型，也可以创建模型的视图。

26. 视图深度

模型所显示切片的厚度。视图深度和工作区域之内的对象在模型中是可见的。

双击视图空白处或右击找到视图属性对话框，可以修改视图深度（图 4-19）。

图 4-19　视图属性

27. 线框视图

一种视图类型，在该视图中仅显示对象轮廓，对象是透明的，不显示对象表面。

28. 渲染视图

一种视图类型，其中不仅显示了对象轮廓，还显示了对象的表面。

29. 悬停高亮显示

在渲染模型视图中将鼠标指针悬停在对象上时，Tekla Structures 软件将以黄色高亮显示对象，便于您查看可以选择哪些对象。

30. 部件参考点

当您创建部件时，可通过选取点来定位部件。这些即为部件的参考点。部件的位置总是相对于其参考点。一般指柱等竖向部件。

31. 部件参考线

如果您选取两个点来定位一个部件，则这些点组成了部件的参照线，并将在线的末端显示控柄。一般指利用梁的属性建立的部件。

32. 快照

屏幕图片，例如 3D 模型视图的屏幕图片。也被称为抓屏。工具栏"窗口"→"快照"。

33. 模板编辑器

一个 Tekla Structures 编辑器，用于创建及修改在图纸和报表中使用的模板。

34. 模型编辑器

编辑模型的基本工作环境。当您启动 Tekla Structures 软件时，模型编辑器随即启动。

35. 图纸编辑器

一个您用来编辑图纸的 Tekla Structures 软件编辑器。

36. 组件

一个可自动化任务和将对象进行分组的工具，从而使 Tekla Structures 将它们视为单个单元。组件可以是：连接、细部 、建模工具、用户定义的（定制组件），组件会适应模型中的变化，这样，如果您修改了某连接所连接的部件，Tekla Structures 软件将自动修改该连接。

37. 总尺寸

部件或装配件最外端位置的尺寸。

38. 全局坐标系统

模型全局原点和坐标轴。在原点处显示绿色立方体。

39. 索引图

一个图纸中的小模型视图，该视图标识出了一个装配件的位置，一个浇筑单元，或模型中的部件。索引图包含栅格以及显示在图纸中的装配件、浇筑单元或部件。

40. 位置示意图

一个在图纸中表明装配件或部件在模型中所在位置的小模型视图。索引图包含栅格以及显示在图纸中的装配件或部件。

41. 克隆

为另一相似的部件复制已编辑好的图纸。例如，您为一个桁架创建图纸，编辑该图纸，并将该图纸克隆给其他相似的桁架。当两个桁架不一致时，您仅需要修改克隆的图纸。

42. 日志

Tekla Structures 在您实施操作时同时记录的报表。日志文件可以包含错误信息、保存历史、编号历史等。

43. Web 查看器

一个在 Internet 中查看 Tekla Structures 模型的工具。在查看模型之前，您需要将模型从 Tekla Structures 导出为 Web 查看器的格式。

4.5　屏　幕　组　件

本节简单介绍几种重要的屏幕组件。比如：位于蓝色标题栏下方的菜单栏，菜单栏下方的工具栏，设置信息的对话框，选择开关和捕捉设置等特殊的工具栏以及位于窗口底部的状态栏等都属于屏幕组件的内容。

1. 菜单栏

Tekla Structures 软件的功能调用都可以在屏幕菜单上找到,以树状结构调用多级子菜单。菜单分支以向右的"▶"示意。所有的分支子菜单都可以在左键单击进入,变为当前菜单,也可以右键单击,从而维持当前菜单不变。大部分菜单都有图标,以方便用户更快地确定菜单项的位置。

总之,菜单栏含有多个下拉菜单,其中包含了所有 Tekla Structures 命令。要选择一个命令,单击菜单标题,然后选择该命令。

2. 快捷菜单

快捷菜单又称右键菜单,在编辑器编辑区或选中对象时都可以单击鼠标右键弹出。它根据预选对象确定菜单内容。

3. 工具栏

菜单"窗口"→"工具栏"分支菜单中包含了能在屏幕上可以显示的工具栏,并且工具栏在其名称旁边有一个复选标记,以控制工具栏是否当前显示。工具栏中包含的图标为某些最常用的命令提供了快捷使用方式。

工具栏可以在屏幕上浮动状态存在,也可以靠接程序窗口的边缘。移动工具栏的操作,跟其他常用软件(word 等)相同。对菜单和工具栏还可以进行自定义。

图 4-20　梁的属性

大多数 Tekla Structures 软件工具栏图标的作用是：单击执行相应命令；双击显示相应对象类型的属性对话框，并且执行相应的命令。

工具栏上图标可以作为从菜单栏下拉菜单中选择命令的方法替代。

4. 对话框

您可以在 Tekla Structures 中使用对话框输入并查看信息。

如果所选命令的名称后有三个点（例如：属性…），单击该命令 Tekla Structures 将显示相应对话框；双击某个对象或图标也将显示相应对话框；选中模型中任一对象，右击出现快捷菜单栏，单击快捷菜单命令也可以出现相应的对话框。

要显示单个对象的属性对话框，双击该对象即可显示。

图 4-20 为梁属性对话框，并且列出了对话框中的部分组件。

5. 开关

选择开关和捕捉设置是特殊的工具栏，其中包含控制对象选择和栅格点捕捉的开关（图 4-21）。

使用选择开关确定可选择的对象类型，通过这些开关可对选择进行限制。例如，如果只有'选择螺栓'命令开关处于激活状态，那么即使您选择了整个模型区域，Tekla Structures 也只会选择模型中的螺栓。

圈起来的两对开关控制是否可以选择：组件或组件创建的对象，或者构件或构件中的对象。这两个开关的优先级别最高。如果这两个开关均关闭，就算所有的其他开关都打开，您也无法选择任何对象。

要选取不同的位置和点（例如，线的端点和交点），您需要激活捕捉开关（图 4-22）。

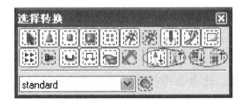

图 4-21　选择开关

图 4-22　捕捉开关

这两个带有圆圈的开关定义您是否可以选取对象中的参考点或任何其他点，如部件顶角。必须激活这两个开关的一个或全部，其他开关才会起作用，它们的优先级别最高。

6. 状态栏

状态栏位于 Tekla Structures 窗口底部，显示提示和消息（图 4-23）。

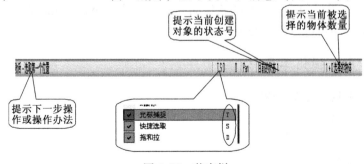

图 4-23　状态栏

4.6 重点命令的介绍

让我们以"工具栏"为主线，对其常用的重点命令进行逐一介绍。更为详细信息可参考下一章节。

4.6.1 标准工具栏

标准工具栏见图4-24。

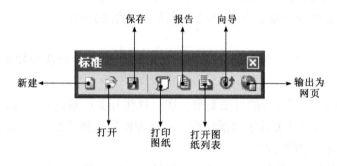

图4-24 标准工具栏

（1）新建：新建模型命令。新建模型时，将关闭当前打开的模型。请根据您的需要保存当前打开的模型。

（2）打开：打开另一个模型。打开另一个模型时，将关闭当前打开的模型。请根据您的需要保存当前打开的模型。

（3）保存：保存模型。

（4）打印图纸：打印一张或多张图纸。此命令将打开图纸列表或打印图纸对话框，请从图纸列表中选择需要打印的图纸。

（5）报告：创建、显示和打印模型中的报告。

（6）打开图纸列表：打开图纸列表。可以通过图纸列表实现对模型中创建的所有图纸进行管理。

（7）向导：创建图纸的快捷方式。为每个部件类型优化的图纸属性创建图纸。

（8）输出为网页：发布为网页。创建模型的交互式网页，可以使用Web浏览器插件在Web浏览器中查看。与不会Xsteel软件的人员，或没有Xsteel软件的人员或模型不能共享时，可以输出为网页进行沟通交流。

4.6.2 中断——撤销工具栏

中断——撤销工具栏见图4-25。

（1）选择：选择。

（2）撤销：取消上一次操作。

（3）重做：重做以前撤销的操作。

4.6.3 编辑工具栏

编辑工具栏见图 4-26。

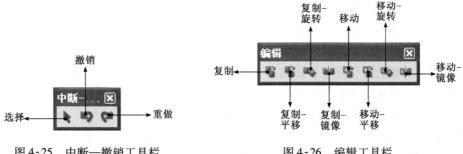

图 4-25 中断—撤销工具栏   图 4-26 编辑工具栏

（1）复制：通过选取原点和目标点复制所选对象。

（2）复制—平移：在距原点指定距离处创建所选对象的副本。

（3）复制—旋转：围绕工作平面上指定的线或工作平面的 Z 轴创建所选对象的副本。

（4）复制—镜像：围绕指定的镜像线创建所选对象的镜像副本。注意，"把工作平面设为视图平面"命令。

（5）移动：通过选取原点和目标点移动所选对象。

（6）移动—平移：将所选对象移至距原点指定距离的新位置。

（7）移动—旋转：围绕工作平面上指定的线或工作平面的 Z 轴旋转所选对象。

（8）移动—镜像：用指定的线镜像所选对象。注意，"把工作平面设为视图平面"命令。

4.6.4 视图工具栏

视图工具栏见图 4-27。

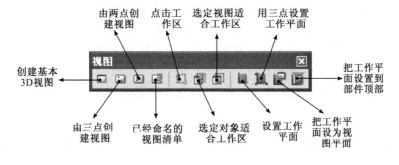

图 4-27 视图工具栏

（1）创建基本 3D 视图：此命令显示"创建基本视图"对话框，并创建一个基本视图（图 4-28）。此命令不太常用，我们可以通过更方便的方法创建视图，参见后面章节。

（2）由三点创建视图：使用选取的三个点创建视图。原点、一个 x 方向上的点和一个 y 方向上的点。功能类似于 CAD 中的坐标系，处理有斜度的面上的对象时使用。

（3）由两点创建视图：使用选取的两个点创建视图。原点和一个 x 方向上的点。该命令用的频率很大，具体详细信息参见后面章节。

（4）已经命名的视图清单：打开已经命名的视图清单。打开可用视图的列表，使用该命令弹出对话框可以打开或删除视图。

（5）点击工作区：根据视图平面上选取的两个角点设置工作区。工作区的深度与视图深度相同。处理某局部对象时可使用。

（6）选定对象适合工作区：该名称是作者为了便于区分开？"选定视图适合工作区"而命名的，实际上在软件中该命令叫"适合零件在选定的视图内适合工作区域"。它是调整工作区，使其在所选视图中包含所选模型对象。

（7）选定视图适合工作区：该名称是作者为了便于区分开"选定对象适合工作区"而命名的，实际上在软件中该命令叫"再选定的视图内适合工作区域"。它是调整工作区，使其在所选视图中包含全部模型对象。

（8）设置工作平面：设置平行于 xy、xz 或 zy 平面的工作平面。深度坐标定义了工作平面沿平行于第三条轴的平面的垂线距全局原点的距离（图 4-29）。

图 4-28　创建基本视图

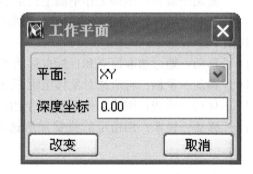

图 4-29　设置工作平面

您要在区分好视图和工作平面的基础上，一定要与"创建基本视图"命令区分开来。

（9）用三点设置工作平面：此命令使用三个选取的点设置工作平面，第一个选取的点是原点，第二个点定义工作平面的 x 方向，第三个点定义工作平面的 y 方向。Tekla Structures 根据右手规则确定 z 的方向。

（10）把工作平面设为视图平面：此命令将工作平面设置为与所选视图的视图平面相同。

🛑执行"复制—镜像"或"移动—镜像"命令时，您切记要点击'把工作平面设为视图平面'命令。

工作平面：您当前操作，建立对象的平面；视图平面：您可以通过不同的视图平面来查看模型。把'工作平面设为视图平面'命令就是将其两者统一到同一个平面上。

4.6.5　转换工具栏

转换工具栏见图 4-30。

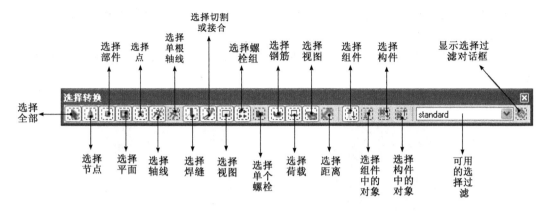

图 4-30 转换工具栏

（1）选择全部：打开所有的选择开关。

（2）选择节点：在模型中启用对组件符号的选择。

（3）选择部件：启用对部件（如柱、梁和板）的选择。

（4）选择点：启用对点的选择。

（5）选择轴线：启用对轴线的选择。

（6）选择单根轴线：启用对单根轴线的选择。

（7）选择焊缝：启用对焊缝的选择。

（8）选择切割或接合：启用选择线、部件以及多边形切割和接合。

（9）选择视图：启用选择模型视图。

（10）选择螺栓组：启用选择螺栓组中的一个螺栓，即可选择整个螺栓组。

（11）选择单个螺栓：启用选择单个螺栓。

（12）选择平面：启用选择平面。

（13）选择距离：启用选择距离。

要高效的使用 Tekla Structures，您需要掌握如何选择对象及如何使用选择开关。那么如何才能选择模型对象呢？

（1）选择对象的办法有：选择单个对象，窗口区域选择对象。

（2）选择单个对象：使用鼠标键，不借助键盘键，单击将选择的对象即可，被选中的对象高亮显示（图4-31）。鼠标再单击其他对象或视图空白处，以前选择的对象将被取消选择。

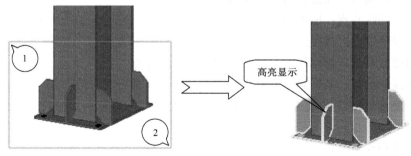

图 4-31 选择单个对象（从左到右）

（3）窗口选择：从左到右（2号点到1号点）拖动鼠标来选择全部位于矩形区域内的所有对象。

从右到左（1号点到2号点）拖动鼠标来选择全部或部分位于矩形区域内的所有对象（图4-32）。

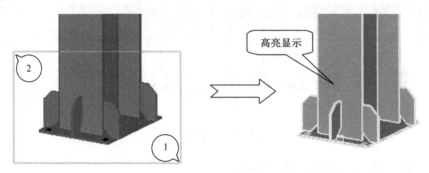

图4-32　选择单个对象（从右到左）

4.6.6　捕捉设定工具栏

捕捉设定工具栏见图4-33。

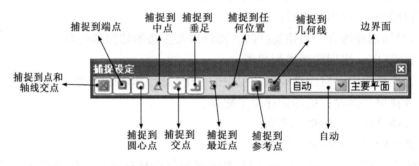

图4-33　捕捉设定工具栏

捕捉开关指定对象中的准确位置，例如端点、中点和交点。捕捉开关帮助您通过选取点来精确地定位对象，而不必知道坐标，也不必创建另外的线或点。

（1）捕捉到点和轴线交点：捕捉到点或栅格线交点。

（2）捕捉到端点：捕捉到线、折线或圆弧的端点。

（3）捕捉到圆心点：捕捉到圆或圆弧的中心。

（4）捕捉到中点：捕捉到线、折线或圆弧的中点。

（5）捕捉到交点：捕捉到线、折线、圆和圆弧的交点。

（6）捕捉到垂足：捕捉到对象上与另一个对象形成垂直对齐的点。

（7）捕捉到最近点（线上点）：捕捉到对象上最近的点。例如部件边缘或直线上任何点。

（8）捕捉到任何位置：捕捉到模型空间的任何位置。

（9）捕捉到参考线（参考点）：选取对象参考点，具有控柄的点。

（10）捕捉到几何线（点）：选取模型中对象上的任何点。

上述命令都可以单击进行激活或取消激活。当您将鼠标指针移动到对象上时，您可以让 Tekla Structures 在模型中显示捕捉符号。捕捉符号在组件的内部对象上时为绿色，在模型对象上时为黄色。

4.6.7 点工具栏

要在模型中放置一个对象，您需要选取点。要将对象放置在没有线或者对象相交的位置，您可以配合"捕捉"命令，使用构造平面、构造线和圆、创建点命令找到准确位置（图4-34）。

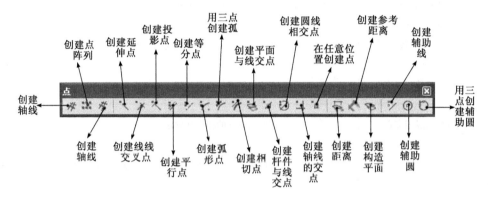

图4-34 点工具栏

在 Tekla Structures 软件中有很多创建点的方法。每次使用哪种方法最为方便取决于您已经在模型中创建的对象以及选取什么位置比较容易。

当您创建点的时候，Tekla Structures 软件总是会根据工作平面坐标系统进行放置。视图平面内的点为黄色，而视图平面外的点为红色。表4-2为命令的简单介绍。

命 令 介 绍

表4-2

序号	命　令	图　标	说　　明
1	创建点阵列		显示点阵列对话框，创建当前工作平面的相关点阵列
2	创建投影点		向选取的线上投影选取的点
3	创建线线交叉点		在两条线相交处创建一个点
4	创建延伸		创建点，将它们作为两个选取的点中间的直线的延伸
5	创建平行点		创建两个偏移点，使其平行于两个选取的点中间的直线。此命令还可以创建显示偏移距离的构造线

序号	命 令	图 标	说 明
6	创建等分点		创建分割直线的点
7	创建圆弧点		沿圆弧创建点
8	用三点创建弧		创建点，将它们作为三个选取的点确定的一段圆弧的延伸
9	创建相切的点		在圆和直线相切处创建一个点
10	创建平面与线交点		在直线和平面相交处创建一个点
11	创建杆件与线交点		在直线和部件表面的相交处创建一个点
12	创建圆线相交点		在圆和直线的相交处创建点
13	创建轴线的交点		在两个部件的轴相交处创建一个点，并且把该点投影到视图平面
14	在任意位置创建点		在任意选取的位置创建点
15	创建辅助线		在任意两个选取的三维点中间创建一条构造线
16	创建辅助圆		在选取的第一个视图的视图平面内创建一个构造圆
17	用三点创建辅助圆		根据选取的三个三维点创建构造圆

4.6.8 钢部件工具栏

要创建部件，使用钢部件工具栏上的图标，或选择钢部件菜单中的命令（图4-35）。

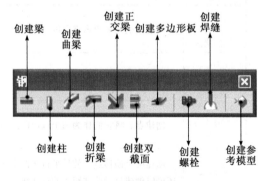

图4-35 钢部件工具栏

（1）创建梁：在两个选取点间创建一个钢梁。

（2）创建柱：在选取的位置创建一个钢柱。柱的顶部和底部标高取决于当前的柱属性。要创建不垂直的钢柱，请使用创建梁命令。

（3）创建曲梁：使用选取的三个点创建一个钢曲梁。具体创建时请按照状态栏中的提示说明进行操作。

（4）创建折梁：创建穿过选取点的钢梁，您也可以将角点切成斜面。该形式钢梁可以由直线段与曲线段构成。具体创建时请按照状态栏中的提示说明进行操作。

（5）创建正交梁：在选取的位置创建一个与工作平面正交的钢梁。

提示：例如用于坡屋面檩条建模，更改工作平面与屋顶的斜面相吻合，然后为檩条选取点。

（6）创建双截面：在两个选取的点之间创建一个双截面，一个双截面由两个梁构成。还可以理解为创建具有指定间距的两个相互平行的钢梁。

提示：例如使用具有两个 L 形截面的双截面创建的支撑。

（7）创建多边形板：根据选取位置所形成的轮廓来创建一个多边形板。

提示：使用选取的三个点或更多个点创建一个多边形钢板，选取的点定义钢板的形状，选取的截面定义钢板的厚度。具体创建时请按照状态栏中的提示说明进行操作！

（8）创建螺栓：在部件上创建螺柱或螺栓，以连接两个或更多部件。具体创建时请按照状态栏的提示说明进行操作！

（9）创建焊缝：在两个或更多的对象间创建焊缝。

提示：首先选取主对象，然后选取次对象。选取顺序很重要。使用工厂焊接件焊接在一起的对象自动组成构件。您可以通过区域选择的方法选择多个次对象。

（10）创建参考模型：创建一个参考模型，用以使用您自己的模型叠盖不同领域的模型。其中包括建筑师、工厂工程师、服务工程师或其他结构工程领域。

提示：您可以使用 3D 模型，也可以使用 2D 图纸。参考模型也可以在图纸上显示。

4.6.9 细部工具栏

细部工具栏见图 4-36。

（1）创建结合：在选取的两点之间创建一条直切割线以创建结合。可使用此命令来减短梁，不要使用此命令增长梁。

（2）创建线切割：使用切割线切割对象以修改对象末端的形状。使用创建结合命令后，还可以使用此命令修改部件形状。

提示：使用此命令可将角部从梁的末端切割下来。

（3）创建部件切割：使用另一部件切割部件。如果您没有用以切割部件的部件，首先创建该部件，然后使用该部件切割部件，最后删除该用以切割部件的部件。具体创建时请按照状态栏中的提示说明进行操作！

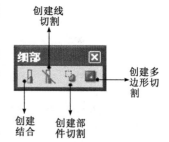

图 4-36　细部工具栏

（4）创建多边形切割：按照您在要切割的部件上绘制的多边形切割部件。

提示：为确保切割效果，请总是将切割线延伸到部件外部。

4.6.10 工具工具栏

在模型视图编辑器内，使用测量工具来度量角度、两点及螺栓间的距离，所有的测量值都不是最终的。在下一次更新或重画窗口之前，测量值将一直显示在视图平面上（图4-37）。

（1）标注 X 尺寸：只可测量两点间在 x 方向的距离。

（2）标注 Y 尺寸：只可测量两点间在 y 方向的距离。

（3）标注自由尺寸：测量任意两点间用户定义的距离。使用此命令可测量当前视图平面上斜距或准距。

（4）生成角度标注：测量角度。注意是顺时针还是逆时针选择起始点与终点，可以测量锐角和钝角。

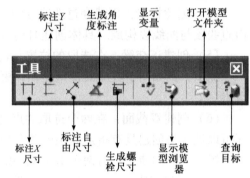

图4-37 工具工具栏

（5）生成螺栓尺寸：测量部件中的螺栓间距和边距。软件可以自动给出螺栓和部件之间的边距。如图4-38所示。

（6）打开模型文件夹：显示包含与当前打开的模型关联的所有文件的文件夹。如果没有打开模型，它将显示安装过程中定义的模型文件夹。菜单栏点击"工具"→"打开模型文件夹"按钮。

（7）查询目标：显示模型内的一个或一组对象的属性，如标高、位置、重量和重心等。菜单栏点击"查询"→"目标"按钮。出现如图4-39所示对话框。

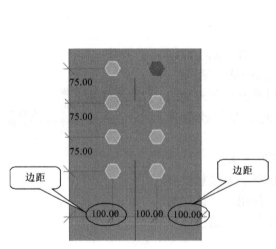

图4-38 生成螺栓尺寸

图4-39 查询目标对话框

4.7 熟悉钢结构图纸与策划深化设计方案

4.7.1 熟悉结构图纸

为了更加切合您做钢结构深化设计的情况，我们根据钢结构深化设计工作的流程，讲解如何应用 Tekla Structures 软件进行钢结构深化设计。

熟悉结构图纸是深化设计过程最基本的准备工作，也是最重要的一个部分。对图纸的熟悉和理解程度直接关系到后续工作的工作质量，因此深化设计开始前对图纸必须要全面仔细的了解，这样才能很好地编制深化设计方案，为整个深化设计工作做好第一步准备工作。

在熟悉图纸过程中需要做好两项统计工作，一是汇总整理工程所有的杆件截面的规格和材质，最好计算出截面面积和单重；二是汇总和整理所有螺栓的直径和形式。在后续的建模工作开始时，直接根据统计数据补充软件截面库和材质库。

4.7.2 策划深化设计方案

一般深化设计方案及协调沟通等工作都由深化设计主管或项目主管或组长或是公司相应职位的人来做。其他深化设计工程师拿到正确的数据，做好模型搭建和图纸修改等具体的工作。

1. 确定分段原则及位置

柱、梁、支撑及桁架分段可以自行分别编写表格。表4-3以柱分段为例，仅作为参考。

柱 分 段 表 表4-3

序号	段号	构件位置	柱顶标高（m）	暂估构件重（t）	塔吊吊重（t）	是否满足（是、否）	备注
1	一	D/1	11.20	16.8	25.00		
2	二	A－B/2	17.20	10.8	15.00		
3	三	C－1	22.2	13.5	12.00		
4	…	…	…	…	…	…	

一般情况下，施工单位会考虑好吊重这方面问题的。但是为了保证您深化设计进程的顺利进行，需要您对于相关范围工作做好复核。如果不满足吊重要求的，要及时地跟施工单位联系。

2. 确定构件、零件编号规则

深化设计模型建立之前，确定构件、零件编号规则非常重要。它的好坏是整个深化设计工作能否顺利实施的关键，它对后续深化设计开展有非常重要的影响，甚至对构件的加工以及现场安装都会有不小的影响。

Tekla Structures 软件搭建模型的过程就是模拟构件加工和安装的综合过程，每根构件及每个零件搭建时都需要输入编号前缀、流水号。建议流水号从1开始，剩余内容软件会自动帮您完成。

构件或零件模型搭建完成后，也可以更改其编号前缀。但是一个工程往往有成千上万个构件和零件，每个都需要输入前缀。如果一旦因为编号原则未提前确定妥当，或是编号原则设置有误，则很容易导致输入的编号的前缀混乱。一旦因此进行修改，将会有很大的工作量，会影响了深化设计进程和效率。

表4-4的编号规则提供给您作为参考。

编 号 规 则

表4-4

区域	构件属性	构件号	零件属性	零件号	备　注
A	柱子	A1C－*	箱型钢	1口－*	C：柱
	梁	A1G－*	H型钢	1H－*	G：横向主梁（与柱连接）
		A1B－*	H型钢	1H－*	B：纵向主梁（与柱连接）
		A1J－*	H型钢	1H－*	J：次梁
	水平柱间撑/水平隔撑	A1H－*	圆管	1P－*	H：水平支撑
	垂直柱间撑/垂直隔撑	A1V－*	角钢	1L－*	V：垂直支撑
	次桁架	A1CHJ－*			次桁架
	主桁架	A1ZHJ－*			主桁架
	楼面/屋面钢板	A1PB－*	钢板	见说明	PB：楼板及屋面花纹钢板

图　号	备　注
总说明：ASM－*	总说明图号
构件图：AX－*	构件图图号
零件图：AW－*	零件图图号
布置图：AP－*	布置图图号

说明：1. 可依此原则对工程其他后续项目按区段进行延伸，表中的"*"表示从001开始的自然数。

2. 构件号 A1C－*："A"是区域代码，"1"表示第一节（层、区），"C"表示柱子。

3. 零件号。主零件根据其不同属性，进行编号；次零件：可以参考下表。

序　号	编　号	板 属 性	备　注
1	A1S	规则板（无孔）	
2	A1D	规则板（有孔）	
3	A1Y	不规则板（无孔）	
4	A1N	不规则板（有孔）	
5	A1M	弯　板	

4. 总说明图号 ASM－*："ASM"表示A区域钢结构说明，"*"表示从001开始的自然数。
构件图图号 AX－*："AX"表示A区域钢结构构件详图，"*"表示从001开始的自然数。
零件图图号 AW－*："AW"表示A区域钢结构零件详图，"*"表示从001开始的自然数。
布置图图号 AP－*："AP"表示A区域钢结构布置图，"*"表示从001开始的自然数。

注意：如果模型构件数量少，形式简单，编号可以从简。

3. 确定人员分工及进度计划

综合考虑公司投入深化设计人员数量、人员水平、施工工期要求等各种因素，编制深化设计人员分工及进度计划。见表4-5。

设计人员分工及进度计划

设计人员分工及进度计划　　　　表4-5

区域 （节、层）	内　容	模型搭建人 /修改图纸人	计划完成 时　间	需注意 事　项	实际完成 时　间	完成构件 重　量
A	（①~⑤）/（Ⓐ~Ⓓ）所有构件	张　三				
A	（⑤~⑩）/（Ⓓ~Ⓜ）柱	李　四				
A	（⑩~⑫）/（Ⓐ~Ⓔ）标高 30m 以下所有邮件	赵　五				
…	…		…	…	…	…

4.7.3　搭建三维实体模型

1. 对象特性总结

作为钢结构深化设计师，不需要像主管一样全部了解深化设计方案策划内容。但是需要对各自负责的部分工作做好，并有自己的思路和方法。

用 Tekla Structures 软件做深化设计的话，建议首先熟悉结构图纸，并在此过程中，做好统计工作：汇总整个工程所有杆件截面的规格和材质，计算每种规格型材的截面面积和单重，即统计对象特性，为后续的建模工作做好准备工作，开始建模时，可以直接根据统计数据补充软件截面库、螺栓库和材质库。

第一步做好对象特性统计工作，见表4-6、表4-7。

规格特性统计　　　　表4-6

序号	区域 （层/节）	对象	截面 形式	截面大小	单重 （kg/m）	截面 面积 （m²）	标高 （m）	材质	备注
1		柱	箱形	口 1000×1000×20×20			0~11	Q345B	
2		梁	H形	H500×350×20×18			3	Q345B	
3		支撑	L形	L100×100×15×15			—	Q345B	
…	…	…	…	…	…	…	…	…	

材质特性统计　　　　表4-7

序　号	对　象	直径（mm）	形　式	备　注
1	螺栓	22、24	扭剪型高强螺栓	
2	螺栓	20、22、24	摩擦型高强螺栓	
…	…	…	…	

2. 创建一个新模型

（1）您可以通过"文件"→"新建"命令；也可以用鼠标点击工具栏 ▢ "新建"

按钮；还可以如图 4-40 所示新建模型。

图 4-40　创建新模型

（2）点击"新建"按钮后，弹出如下对话框，见图 4-41 。

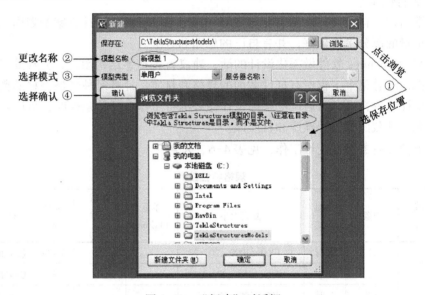

图 4-41　"新建"对话框

①点击"浏览"按钮，出现"浏览文件夹"对话框，以便选择您模型保存的位置。

②模型名称也可以按照您的意愿进行更改。

③您可以选择单用户还是多用户模式，多用户模式需要输入服务器名称。

④都确认好以后，可以按'确认'按钮，开始下一步操作。

①~④步无特殊顺序要求。

（3）单击"确认"按钮，创建新模型成功，其他图标将被激活，模型的名称显示在 Tekla Structures 软件窗口的标题栏中。

注意：每个模型都必须有唯一的名称。Tekla Structures 软件不允许模型名称重复，模型名称中不允许使用特殊字符，如 ／ 、 ＼ 、；、：等。

3. 保存模型和退出模型

（1）保存模型

方法1：单击"文件"→"保存"按钮；

方法2：单击标准工具栏中的"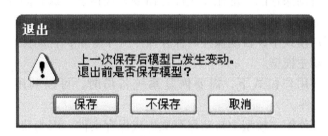"图标；

方法3：打开模型，对模型做过修改后，在没有用前两种方法保存模型之前，也可以通过单击屏幕右上角"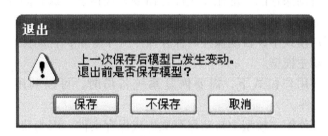"的关闭按钮，Tekla Structures 会出现提示保存对话框（图4-42），点击"保存"，即可保存模型。

图4-42　退出对话框

（2）自动保存

单击"工具"→"选项"按钮，弹出如图4-43所示对话框，设置自动保存时间间隔。

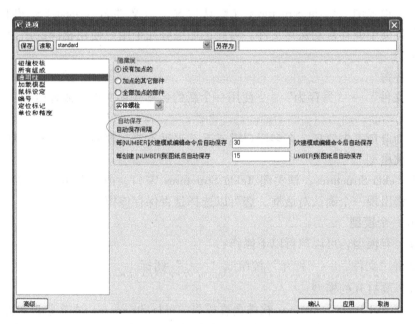

图4-43　自动保存选项对话框

Tekla Structures 软件包含自动保存功能，它可以按照设置的时间间隔自动备份和保存您的工作。自动保存文件使用扩展名 db1_＜user＞，系统默认在打开"模型文件夹"时可见该扩展名的文件，如图4-44所示。

图 4-44　模型文件夹对话框

多用户模式中自动保存的速度比使用保存命令要快得多。这是因为自动保存执行本地保存操作，而保存命令将更新主模型。

提示：在多用户模式中，自动保存与保存命令并不等价，自动保存仅保存单个用户的模型版本，而不更新主模型。

建议：在使用多用户模式下，需要恢复系统备份时，可以利用主模型中扩展名为"db1_ ＜user＞"文件。

注意：一定保证使用主模型中自动保存文件或保存文件，因为我们要恢复一个模型的完全副本而不是其中的一部分。

提示：单用户模式和多用户模式下的所有用户需要指定不同的用户名。因为 Tekla Structures 软件是通过用户名识别用户的。

例如：在单用户模式中，如果几个同名的用户打开同一某模型，Tekla Structures 软件是不会发出警告的，因此，在保存模型时可能出现冲突。

在多用户模式中，Tekla Structures 在默认情况下以文件名 ＜model＞.db1_ ＜user＞在主模型文件夹中保存自动保存文件。因此，如果有几个用户使用相同的用户名，冲突就不可避免了。

（3）另存为

单击"文件"→"另存为"... 使用一个新的名称保存文件，或者给予新模型一个特定的名称。

注意：为避免丢失信息，在多用户模式下，永远不要在模型中使用另存为。

（4）退出模型

要退出 Tekla Structures，请关闭 Tekla Structures 窗口，或者单击"文件"→"退出"按钮。系统将出现一个确认对话框，您可以选择是否保存该模型。

4. 打开一个模型

要打开已有模型，可以执行以下操作：

（1）单击"文件"→"打开"按钮或"　　"图标。

（2）选择要打开的模型。

默认情况下，Tekla Structures 软件会在安装 Tekla Structures 时指定的文件夹"Tekla-StructuresModels"中搜索模型。如果您要打开的模型在其他文件夹中，请单击"浏览"→浏览模型文件夹，或使用查找位置列表框查看最近使用的文件夹（图 4-45）。

"打开"对话框可以提供模型信息：模型名称；模型类型（上次保存模型是在单用户模式还是多用户模式）；创建模型或上次保存模型所用的 Tekla Structures 版本；模型上次修改日期；设计者；说明等。

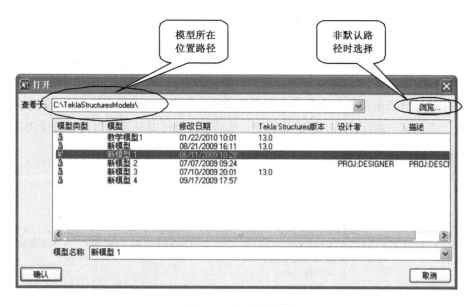

图 4-45　打开对话框

（3）单击"确认"按钮打开模型。

您也可以双击"打开"对话框中列表上的模型以打开它，或使用模型名称列表框打开最近使用的模型。

可以通过单击列标题对模型进行排序。

（4）模型类型的切换。

提示：如果要更改打开模型的类型，可以单击选中要打开的模型，鼠标右击选择打开模型的类型（单用户还是多用户）（图 4-46）。涉及其他多用户模式内容请参考能力提高章节。

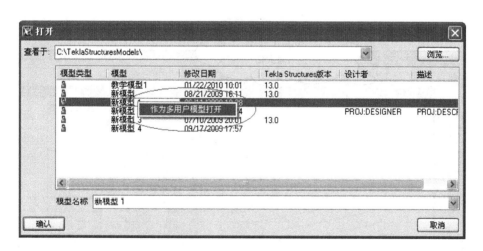

图 4-46　模型类型切换

5. 设置工程信息

在工程开始时，填写并更新工程信息以便使报告和图纸能自动显示正确的信息。您可以单击工具栏"属性"→"工程属性"按钮，弹出如图 4-47 对话框 。Tekla Structures 软件在不同的报告和图纸中显示该信息。

　　以上图像中的名字引用了模板字段，在设计您自己的报告和模板时可使用这些字段。当然，在做完模型出报告或图纸之前，您再来填写或更改工程属性也是可以做到的。

　　6. 创建轴线

　　（1）创建轴线点击菜单"点"→"轴线"按钮，弹出"轴线"对话框。设置轴线属性，创建轴线，或是利用软件自动出现默认轴线，然后双击轴线对其属性进行修改（图4-48）。

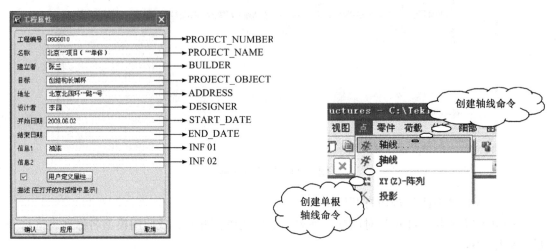

图4-47　工程信息对话框　　　　　　　　　　　　　　图4-48　创建轴线

　　软件也可自动出现默认轴线。我们点击"确认"按钮创建模型后出现页面"View 1 – EL 0"，这是系统默认给出的一个视口。我们可以双击视口内的任意一根轴线，就会出现轴线属性对话框。如图4-49所示。

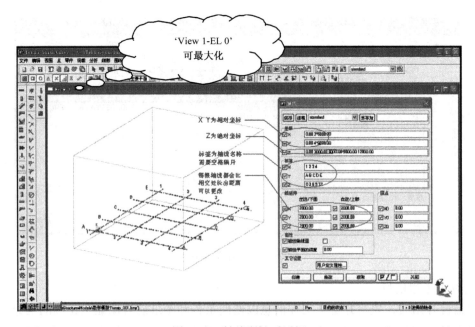

图4-49　轴线属性对话框

提示：在一个模型中可使用多个轴线。您可能需要为整个结构创建一个大标度轴线，并为一些细节部门创建较小的轴线。轴线总是矩形的。您可以通过更改工作平面创建旋转轴线。

要在圆形模式下定位对象，您可以使用构造圆辅助线完成。

（2）删除轴线当您需要删除轴线的时候，不要选择轴线以外的其他任何对象，否则，Tekla Structures 会连同其他对象一起删除。

（3）轴线属性介绍：

① 坐标轴线的 x 和 y 坐标是相对坐标。这就意味着 x 和 y 的坐标值总是相对于上一个坐标值的。z 坐标是绝对坐标，即 z 轴的坐标值是从工作平面原点出发的轴线绝对距离。

有两种方法输入轴线的 x 或 y 的坐标：分别输入，例如"0 4000 4000"；或者等间距的多个轴线，例如"0 2*4000"。两种方法都将创建间距为 4000 三条轴线。

②标签。标签是显示在视图中的轴线的名称。X 字段中的名称与平行于 y 轴的轴线关联，反之亦然。Z 字段是平行于工作平面的水平面的名称。如果愿意，标签字段可留空。

③线延伸。线延伸您也可以在给定的轴线坐标上定义线延伸和轴线的原点。

④ 原点。您可以在模型中选择原点进行创建轴线，也可以在轴线对话框中处输入自己想要创建的轴线的原点坐标进行创建（图4-50）。

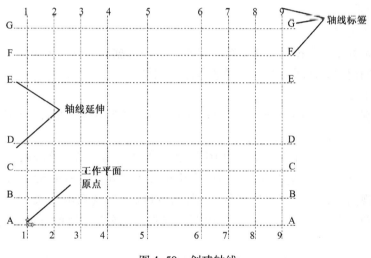

图4-50　创建轴线

（4）修改轴线属性

我们可以按照施工图的轴线，对轴线属性对话框里的轴线属性进行修改（图4-51）：

①修改轴线属性后，在选中轴线状态下，点击"修改"按钮，会出现左上角图形，轴线超出了视图边界。

②关闭轴线对话框，点击工具栏" 🔳 "图标就会出现左下角图形，轴线进入视图边界内部。

有时需要在轴线之间创建小轴线，可以利用菜单"点"→"单根轴线"，然后按照软件界面左下角提示进行操作，极为方便和简单。

提示：在起始处使用 0 来代表（0，0）坐标处的轴线，并使用空格作为坐标的分隔

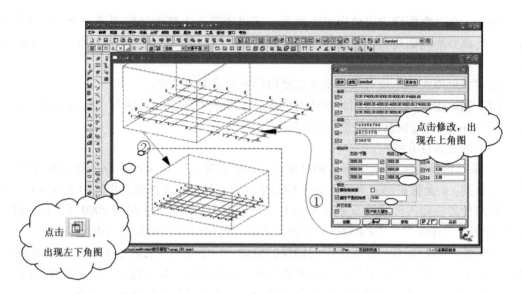

图 4-51　修改轴线属性

符。在坐标字段中，最多可以输入 1024 个轴线字符。

7. 创建视图

（1）视图的定义

视图是原始数据库数据的一种变换，是查看表中数据的另外一种方式。可以将视图看成是一个移动的窗口，通过它可以看到感兴趣的数据。

（2）视图平面

每个视图都有一个视图平面，在 Tekla Structures 软件中视图平面上轴线都是可见的，点以黄色十字叉表示。

在 Tekla Structures 软件中，基本视图平行于全局基本平面，即 xy，xz，zy。从"视图"→"创建视图"→"基本视图"对话框中可以了解到。如图 4-52 所示。

除了基本视图外，还有其他的视图类型，您可以通过选取的点来定义视图平面和坐标，例如，用两个点或用三个点（参考视图工具栏），或者根据所选的创建方法。例如，设置为工作平面。

注意：每一个视图都会有视图平面，但是视图平面与工作平面是有区别的（可参考工作平面定义）。通俗一点的说法就是工作平面是您在三维建模中如果选中在一个平面上进行操作，可以在上面画两维直线或者两维图形，只就在这个工作平面上确认、适用和适宜。

（3）创建视图

以结构设计图为依据，创建轴线完成后，需要创建需要的各个剖面视图。一般情况下，我们按照设计施工图创建轴线视图，即轴线平面图及轴线立面图就可以了。在建模过程中可以随意创建视图，到时也可以保存的。

您可以用 Tekla Structures 自动创建一个轴线和一个视图。在您创建一个新的模型时，可以选中创建默认视图和轴线复选框，

要创建视图，请使用视图工具栏上的图标（请参考第 4.6 节），或者单击"视图"→

"创建视图……"。

例如，用两点创建视图命令的应用。

首先，选择"用两点创建视图"命令图标；或是"视图"→"创建视图"→"用两个点"都可以创建一个视图（图4-53）。

图4-52 视图平面对话框

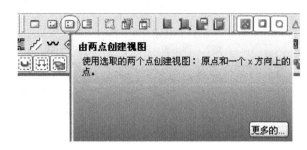

图4-53 由两点创建视图

其次，按照状态栏左侧提示进行操作，会有如图4-54所示过程出现。

然后，出现新的视图。

最后，双击视图任意空白处，出现"视图属性"对话框（图4-55），修改视图名称并点击"确认"保存，新视图名称也就修改完成了。

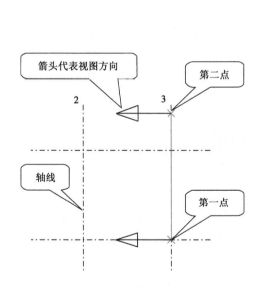

图4-54 创建视图过程

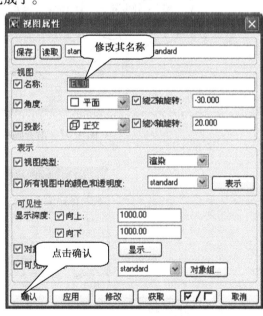

图4-55 视图名称修改框

一般轴线视图是我们依据结构设计图，最先创建的视图；有必要创建其他关键视图时，按图4-56命名关键标高或剖面视图名称，以便在建立模型时能方便而准确的定位。

选中创建好的轴线（轴线高亮显示），点击菜单"视图"→"创建视图"→"轴线视图"按钮，弹出"沿着轴线生成视图"对话框（图4-57）。修改其属性，点击"创建"按钮，即可成功创建轴线视图。

提示：您在屏幕上最多可以同时打开9个视图。需要在视图间切换，可以用Ctrl＋Tab。

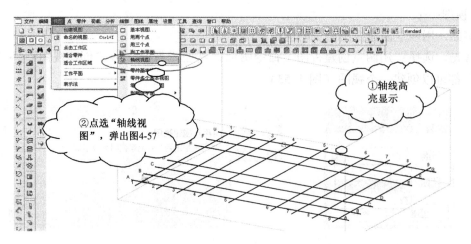

图 4-56　轴线视图

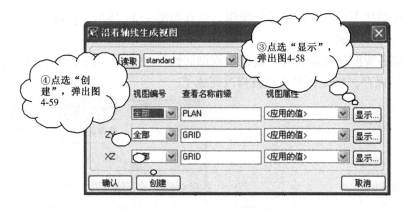

图 4-57　沿着轴线生成视图对话框

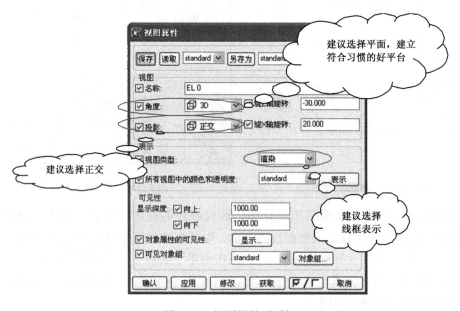

图 4-58　视图属性对话框

92

（4）删除视图

要删除视图，请打开"视图"对话框，选中要删除的视图，点击"删除"按钮便可实现（图4-60）。

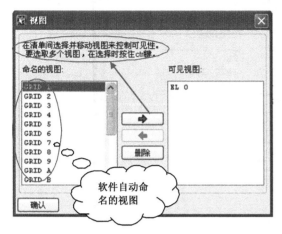

图4-59 自动命名视图对话框   图4-60 删除视图对话框

（5）打开视图

首先，单击图标" 🖳 "（如图4-61所示）或是单击菜单"视图"→"命名的视图"按钮，显示视图对话框。该对话框在左边列出所有不可见的命名视图，在右边列出所有可见视图。

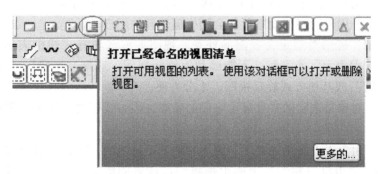

图4-61 打开视图对话框

其次，使用列表间的箭头在两个列表间移动选择的视图，实现要显示或者隐藏视图功能（图4-62）。您也可双击视图对话框中的一个视图以打开或关闭它。

要选择列表中的多个视图，请在选择视图时使用 Shift 键和 Ctrl 键。如果需要取消选择的视图，请按住 Ctrl 键。

（6）视图属性介绍

① 视图名称。Tekla Structures 软件会按照轴线的顺序依次给视图编号，因此您可以不用给每个轴线视图指定一个名称。

但是对于您用其他方式创建的视图（两点创建视图、三点创建视图），如果您需要在

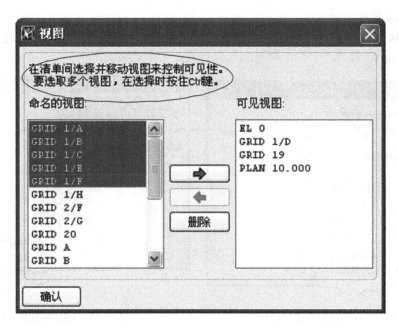

图 4-62　视图选择对话框

以后的会话中再次打开，则应该给视图一个唯一名称。（参见创建视图用两点创建视图）

当您退出模型的时候，Tekla Structures 软件只保存命名的视图。当您关闭视图的时候，Tekla Structures 软件不保存那些未命名的视图。

提示：在多用户模式下，给视图一个唯一名称是很重要的。如果几个用户的视图不同但名称相同，一个用户的视图设置可能会随机覆盖其他用户的设置。

②视图类型。视图类型定义视图的外观。视图类型选项有"线框表示"和"渲染"两种。选择"线框表示"类型时，不能够利用旋转视图，选择"渲染"类型时能够利用"Ctrl + 鼠标中键"或其他方式旋转视图，十分方便。

线框类型：对象是透明的并且显示它们的轮廓。因为线框视图使用线图技术，重画视图非常的快速。

渲染类型：对象看上去更加真实，因为它们不是透明的，而且它们表面的显示如图 4-63 所示。但是，您也可以在渲染视图中选择线框或者阴影线框选项。（快捷键 Ctrl + 1、Ctrl + 2、Ctrl + 3、Ctrl + 4）

③视图深度。每个视图都有深度，它是模型所显示的切片的厚度。您可以分别定义从视图平面向上和向下的深度（图 4-63）。在模型中，所显示深度和工作区内的对象是可见的。但是，在视图之后创建的对象在视图深度外也是可见的。

④视图旋转。旋转是特定于视图的操作。您可以在三维视图中使用鼠标和键盘来旋转模型，或者在视图属性对话框中定义旋转角度来旋转模型。您也可以指定围绕 z 轴和 x 轴的旋转角度。

（7）修改视图

要修改一个视图，请双击视图背景中的任何空白位置。将出现视图属性对话框，您就可以修改属性。

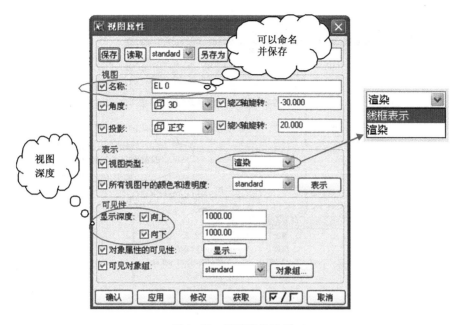

图 4-63　视图渲染选择

（8）移动视图

和任何其他的对象一样，您可以通过移动来改变视图平面。单击平面背景的任意位置，右键单击并从弹出菜单中选择"移动"→"平移"对话框（图4-64）。

提示：移动视图平面可能会导致因为视图深度与工作区不相交使得窗口中没有显示内容。

8. 修改并另存构件属性

（1）修改及保存截面库、螺栓库等分析构件特性总结表与截面库，螺栓特性总结表与螺栓库有什么不同，如果软件库里没有的截面、螺栓、材质等都可以在模型中修改或添加。

建立模型时，建议把工程中用到的所有截面特性和螺栓特性总结统计后，与 Tekla Structures 软件库进行比较，针对软件库中没有的截面及螺栓统一创建。

在工具栏"文件"→"目录"→"截面型材"、"螺栓"、"材质"、"打印机"中。例如：在截面库中

图 4-64　移动视图对话框

增加截面 H400×280×6×12，操作过程如下，添加其他截面也是如此操作。

增加截面有两种办法，一种是重新创建一个新截面，一种是在原有标准截面的基础上复制，后者较为简单易用。

首先，单击"文件"→"目录"→"截面"→"修改"按钮，显示"修改截面目录"对话框。如图4-65所示。

其次，找到一个与您想创建的截面相似的截面，然后右键单击，选择复制截面（图4-66）。所谓相似截面指的是与您要创建的截面具有相同的截面类型和子类型。

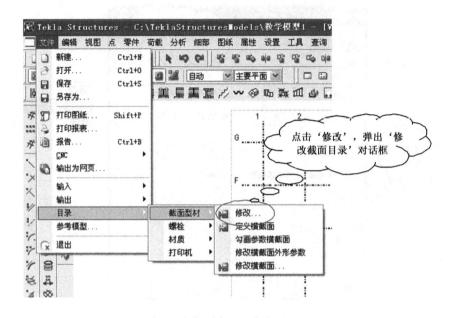

图 4-65　修改截面目录

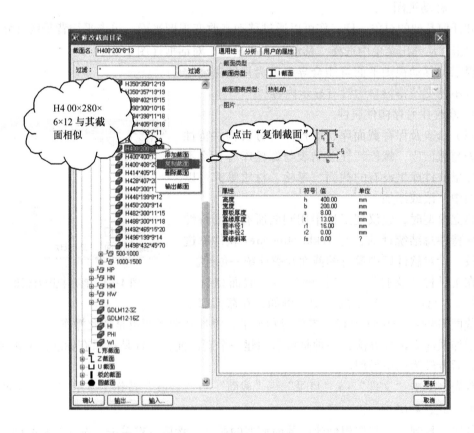

图 4-66　复制并修改截面目录

再次，更改截面名称，修改截面属性（图4-67）。

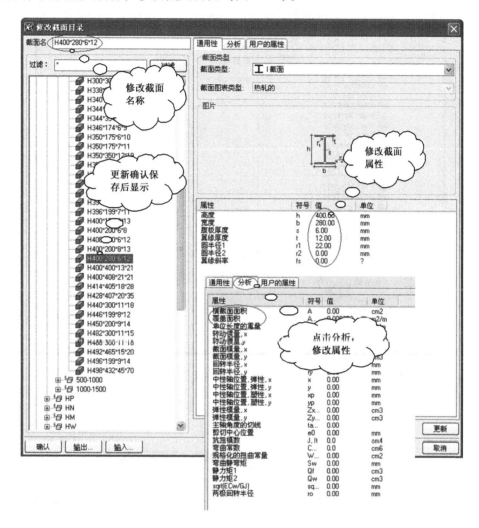

图4-67　修改截面属性

下一步，单击"更新"按钮后，点击"确认"按钮，保存截面（图4-68）。

最后，点"保存确认"按钮，对话框中的确认将更改保存到目录（图4-69）

对于扩充螺栓库和材质库的操作都是在"文件"→"目录"→"截面型材"、"螺栓"、"材质"、"打印机"中选择相应选项进行修改和扩充的。

（2）修改并另存梁、柱属性

双击"创建梁"或"创建柱"按钮，创建构件类图标，弹出"梁属性"或"柱属性"对话框，并对其进行修改并另存（图4-70）。

提示：不同截面型材的构件最好选择不同颜色等级。

9. 搭建实体构件

要有顺序进行建立，比如按照轴线的一个方向展开，再沿另外一个方向展开。请完全按照结构设计图进行，最好随搭建，随在结构设计图中标记。

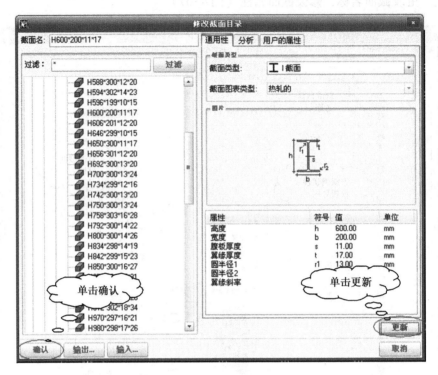

图 4-68　修改截面

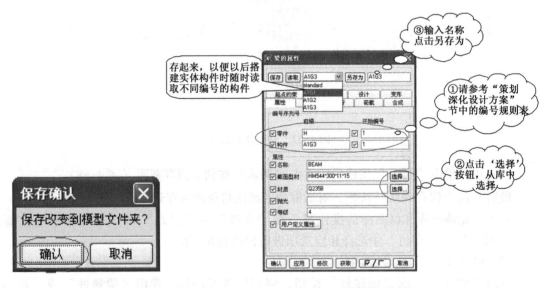

图 4-69　保存确认对话框　　　　　　图 4-70　梁属性对话框

（1）输入杆件

1）读取杆件属性。以创建柱为例：双击"创建柱"按钮，填写柱属性对话框。如果已经保存了构件属性，请读取当下要创建的柱。点击"应用"按钮。

创建梁的过程与创建柱的过程基本一致（图4-71、图4-72）。

图 4-71　梁的属性对话框　　　　　　图 4-72　梁修改对话框

2）创建工作点。创建杆件时，需要找到杆件的准确定位。Tekla Structures 软件创建点的工具可以让您在建模时进行精确的定位。最常用的就是"创建平行点"和"创建延伸点"命令。

①创建平行点。双击"创建平行点"按钮，出现紫色十字光标线，在对话框中输入距离（数字间加空格），然后点击"应用"按钮（图 4-73）。

按照屏幕左下角状态栏提示进行操作。选择线上第一点和第二点，如图 4-74 所示。

出现一组平行点，如图 4-75 所示。

图 4-73　点的输入对话框

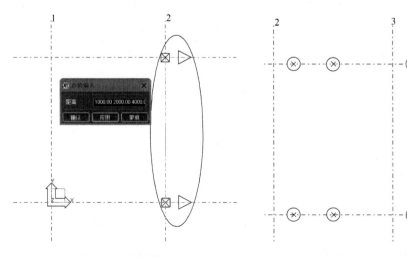

图 4-74　点的输入　　　　　　　　　图 4-75　一组平行点

②创建延伸点。双击"创建延伸点"按钮，出现紫色十字光标线，在对话框中输入距离（数字间加空格），然后点击"应用"按钮（图4-76）。

按照屏幕左下角状态栏提示进行操作。选择线上第一点和第二点。Tekla Structures 软件会以第二点为基准点，以第一点到第二点为方向创建延伸点。如图4-77所示。

图4-76 点的输入对话框

3）创建杆件（点取杆件所在位置点）。创建好工作点后，便可在三维图或平面图中点取当下创建杆件所在位置。创建柱选取一个点即可，创建梁需要指定起点和终点。

图4-77 点的延伸

注意：在创建水平杆件（例如梁）时，最好保持一致并按左到右、从下到上的固定顺序（相对于原始坐标）选取点。这样可确保 Tekla Structures 在图纸中采用相同的方法放置部件并标注尺寸，并且自动在部件同一端显示部件标记。

①创建柱。双击"创建柱"按钮，填写图4-78、图4-79所示"柱的属性"对话框，点击"应用"按钮。

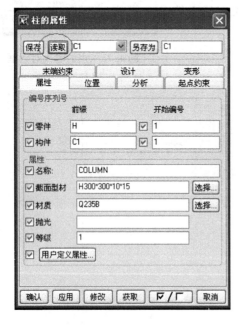

图4-78 柱的属性（1）

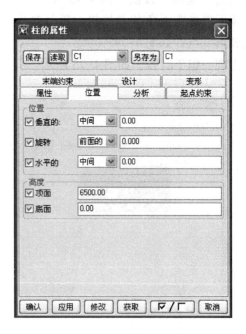

图4-79 柱的属性（2）

点取Ⓐ/①轴交点以输入柱。同样点取Ⓑ/①处创建另一根 H300×300×10×15mm 的柱。

这时可以修改柱的属性对话框，以同样方法，创建其余截面型材的柱。

如果发现某根柱子位置需要旋转，可以双击柱，在属性对话框中修改位置设置。部件位置修改详细信息参见相关内容。

②创建梁。双击"创建梁"按钮。

注意：梁、支撑、檩条等都可以用这个命令来创建。

提示：始终在同一方向上对梁建模。

填写如图4-80、图4-81所示"梁的属性"对话框，然后点击"应用"。

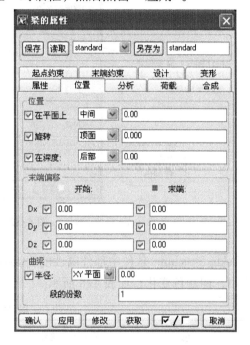

图4-80 梁的属性（1）　　　图4-81 梁的属性（2）

在相应标高的平面视图中，点取梁的起点和终点。

这时可以修改梁柱的属性对话框，以同样方法，创建其余截面型材的梁柱。

4）修改属性对话框，重复上述第3）条工作，创建工程其他杆件。

提示：不要使用剪切命令来减短部件，请采用移动部件控柄或使用"细部"→"结合"来代替；不要使用"结合"命令来延长部件，请采用移动部件控柄的办法来代替；当需要仔细查看特定部件时，可创建基本部件视图；使用尽可能简单的部件，如建立矩形板时用梁的命令创建，减少用"创建压型板"的命令创建矩形板。

5）杆件属性介绍。

Tekla Structures 软件在生成图纸和报告并输出模型时使用编号来标识部件、浇筑单元和装配件。您必须让 Tekla Structures 软件先对模型部件进行编号才能从模型创建单一部件、装配件、浇筑单元、多图和导出文件。Tekla Structures 软件在许多任务中都要使用部件编号。有关"设置"菜单中"编号"的设置及影响编号的因素参看"能力提高"部分内容。

编号序列的名称由一个前缀和起始号码构成。开始编号最好从"1"开始，以免图纸中的编号太长占据较大空间（图4-82）。

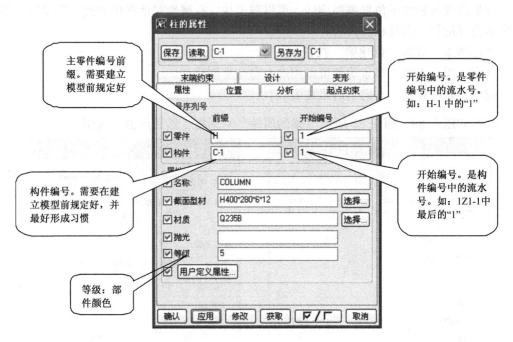

图4-82　编号序列

Tekla Structures 软件中部件属性的等级数字编号对应部件不同颜色，数字可以不限数值大小，但颜色变化就如表4-8所示。

颜 色 等 级　　　　　　　　　　　表4-8

颜　色	等级数字编号	颜　色	等级数字编号
黑　色	0	灰　色	8
白　色	1	粉红色	9
红　色	2	橙　色	10
亮绿色	3	浅绿色	11
蓝　色	4	浅紫色	12
青　色	5	橙　色	13
黄　色	6	浅蓝色	14
深红色	7		

6）部件位置修改。

创建的杆件，有时杆件的位置方向并不符合要求，需要改变属性中的部件位置设置。

梁的属性中，在平面上的设置就是定义部件在平面（中点、左边、右边）离初始参照线的相对距离（包括0距离及负数距离）。参看图4-83。

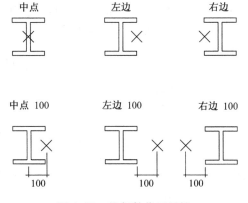

图 4-83 柱部件位置属性

"参照线"请参看"4.4 名词、术语解释"章节。

柱的属性中，水平的设置就是定义部件（中点、左边、右边）相对于其参考点的水平位置。（包括 0 距离及负数距离）

梁的属性中，在深度上的设置就是定义部件垂直于工作平面（中部、左部、右部）离初始参照线的相对距离（包括零距离及负数距离），参看图 4-84。

图 4-84 梁在深度上的设置

关于多边形板位置深度的设置：

部件属性中，旋转设置是指定义部件在工作平面上绕其轴的旋转。您也可以定义旋转角。Tekla Structures 软件将绕局部坐标 x 轴顺时针旋转作为正值。

梁的旋转例子见图 4-85、图 4-86。

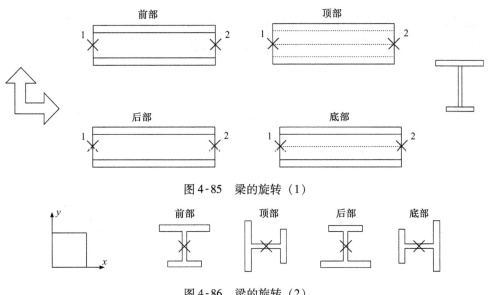

图 4-85 梁的旋转（1）

图 4-86 梁的旋转（2）

柱的属性中，垂直位置设置是指可以定义部件（中点、左边、右边）相对于其参考点的垂直位置距离（包括零距离及负数距离）（图4-87）。

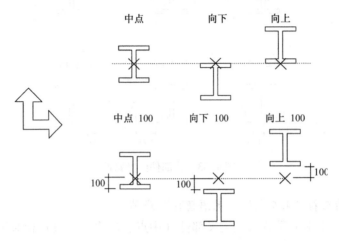

图4-87　柱的垂直位置设置

梁的属性中，末端偏移设置是指利用部件控柄相对于参照线的末端偏移来移动部件末端。您可以输入正值或负值（图4-88）。

图4-88　梁的末端偏移

梁的属性中，曲梁的设置只有是利用"创建梁"的命令创建的梁才可以修改实体梁效果。对于利用"创建折梁"命令创建的梁，修改该属性梁是不变动的（图4-89）。

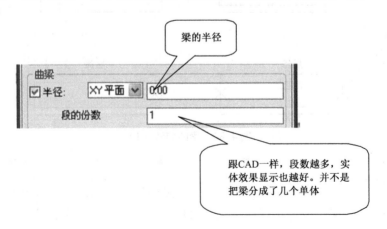

图4-89　曲梁的设置

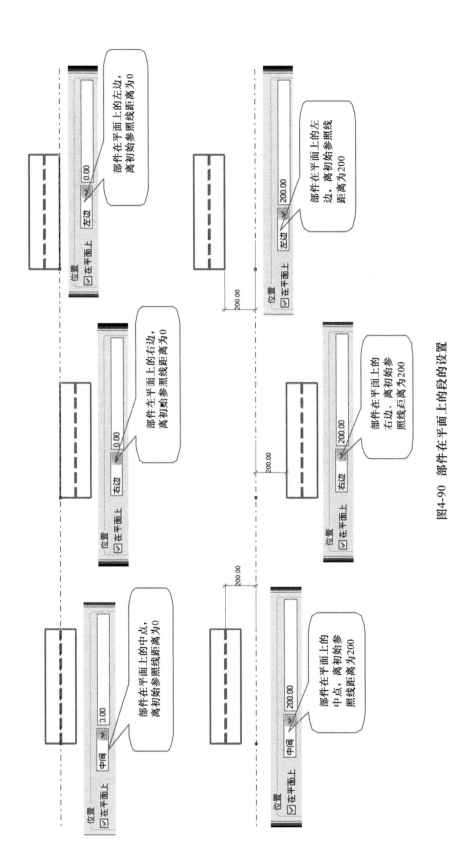

图4-90 部件在平面上的段的设置

105

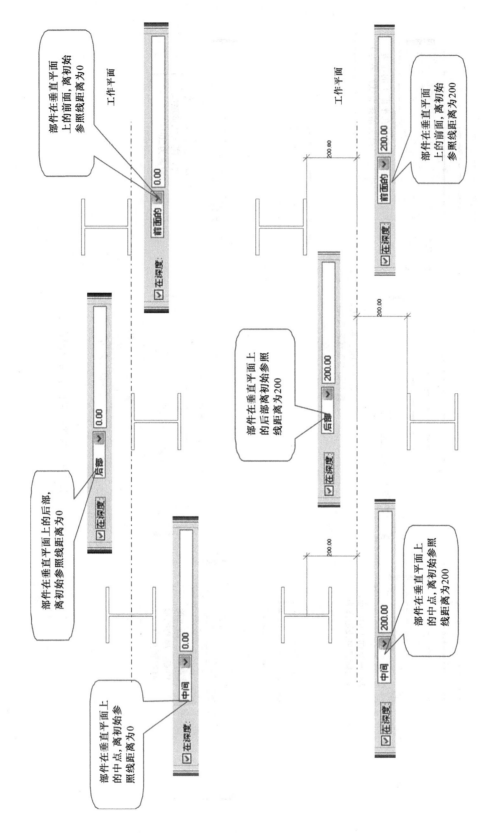

图4-91 部件在垂直平面上的段的设置

注意：要让 Tekla Structures 软件画出一个弯曲部件，您需要定义段的数量。Tekla Structures 软件在视图中并不精确显示弯曲部件，而段的数量决定了所显示的弯曲部件与实际部件的相似程度。段的数量越多，部件显示的棱角越少，与实际部件越相似。如果您定义了大量的段，将对 Tekla Structures 绘制模型的速度产生影响（图4-90、图4-91）。所以应针对实际部件的情况确定段数的多少，以达到最佳效果。

（2）检查对象坐标位置

根据结构设计图，检查对象所在坐标是否正确，如果不正确需要移动到正确位置。

例如：检查已建柱平面坐标是否正确。已知结构设计图中柱平面坐标如图4-92所示，模型中柱平面坐标如图4-93所示，请移动到与结构设计图一致的正确位置。

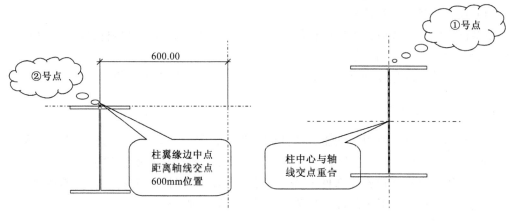

图4-92　结构图柱实际位置　　　　　　　图4-93　模型中柱位置

分析上述两图所示，找到移动前和移动后柱的相对位置关系，如图4-94所示。

首先，找到②号点位置，可以利用创建延伸点或创建平行点命令，确定点。

其次，选中要移动的对象，柱高亮显示。

然后，右击鼠标快捷菜单，选择"移动"或"选择性移动"→"平移"命令；或是采取选择编辑工具栏上的图标也可以。鼠标会变成紫色十字光标样式，按照左下角状态栏提示进行操作。

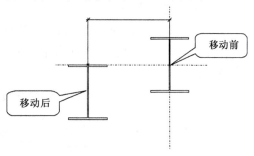

图4-94　柱移动前后位置关系

最后，鼠标左键点取①号点，再点取②号点，则柱就会移动到图4-95位置。

（3）复制相同杆件

首先，按照结构设计图确定要复制对象正确点位置。

其次，选中要复制的对象，对象高亮显示。

然后，选择"复制"或"选择性复制"命令，按照左下角状态栏提示进行操作。

最后，像移动对象一样，点取复制前和复制后所在点位置，复制成功。

提示："选择性复制"命令可以选择复制的份数。如图4-95所示。

经过上述各步，完成模型如图 4-96。

图 4-95　选择性复制对话框

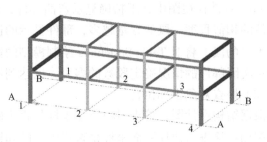

图 4-96　模型完成

（4）检查模型所有杆件坐标

模型杆件创建完成后，需要您仔细地再跟结构设计图纸核对每根杆件的坐标位置。以免现在的错误造成以后的大量改动。

提示：钢结构深化设计是一项非常细致的工作，需要您步步为营，一步一查。

4.7.4　安装节点

在 Tekla Structures 模型中创建了部件的框架后，需要将这些杆件连接起来完成模型。Tekla Structures 软件提供了多种形式的组件，可用于自动化模型的创建过程。

组件是用来自动创建连接部件所需的部件、焊缝和螺栓的工具。它们连接到主部件上，因此，如果您修改了主部件，相关的组件也会随之改变。

1. 组件概念

组件是用来自动化任务和组对象的工具，因此 Tekla Structures 软件将它们视为单个单元。组件会适应模型中的变化，如果您修改了某组件所连接的部件，Tekla Structures 软件将自动修改该组件。

在默认情况下，Tekla Structures 软件包含数百个系统组件（系统节点）。您也可以创建您自己的组件：定制组件（自定义节点）。这些组件具有以下子类型：节点、细部、零件和接合。

下面是一个应用示例：特殊的全深度（图 4-97）。

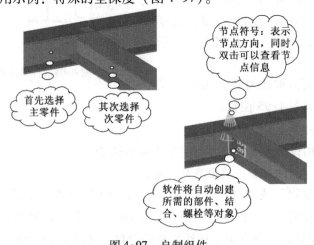

图 4-97　自制组件

2. 组件工具栏

若界面中不可见组件工具栏，可以单击菜单栏"窗口"→"工具栏"→"所有节点"按钮便可弹出。如图4-98所示。

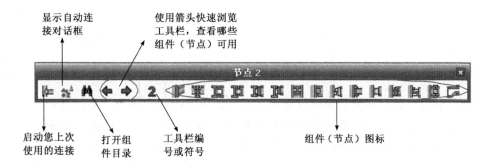

图4-98　自制工具栏

3. 组件目录

Tekla Structures 软件包含一个组件目录。单击节点工具栏中的图标"　"；或是利用快捷键"Ctrl + F"（图4-99）。

图4-99　组件目录

目录中第一列用不同符号表示不同组件类型（表4-9）。

4. 组件对话框

双击"组件目录中的名称"或是双击"组件工具栏中的组件"，图标就会生成组件对话框（图4-100）。

符 号	组件（节点）类型	备 注	符 号	组件（节点）类型	备 注
	系统组件	蓝色		系统细部	蓝色
	系统宏	蓝色		定制节点和结合	黄色
	定制细部	黄色		定制零件	黄色

组件对话框分成两部分。您可以使用其上半部分保存并读取预定义的设置，对于某些组件（节点）来讲，该部分还包含用于访问螺栓、焊缝和 DSTV 对话框的按钮；对话框下半部分分为几个选项卡，您可以定义组件（节点）创建的部件和螺栓等对象的属性。

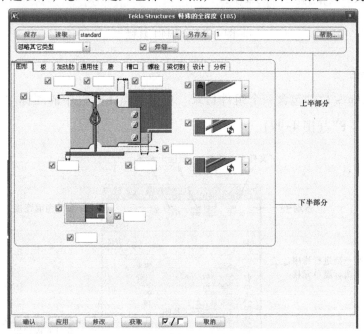

图 4-100 组件对话框

创建节点可以利用 Tekla Structures 软件提供的节点，也可以通过分解和修改 Tekla Structures 软件提供的节点，还可以单独创建部件定制您自己的节点。

5. 定义定制组件（自定义节点）

（1）简介

自定义节点可以认为就是 Tekla Structures 软件教程中所说的定义定制组件。可以通过分解和修改 Tekla Structures 软件提供的系统节点，使其成为您想要的节点，也可以单独创建部件定制您自己的节点。

①定义用户单元。创建自定义节点需要使用"细部"菜单上的"定义用户单元"命令，可定义定制节点的属性。单击菜单栏"细部"→"定义用户单元"命令，出现如图 4-101 对话框。

选取需要包含在自定义节点中的对象，指定需要用户输入的信息，如主部件、次部件或用户需要选取的点。节点创建完成后，您可以将该节点应用到模型中相似的位置。

②浏览自定义节点。单击节点工具栏中的图标""；或是利用快捷键"Ctrl + F"。出现如图 4-102 所示对话框。

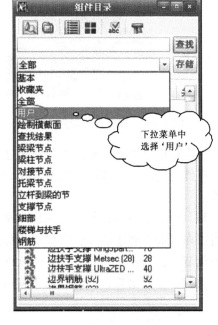

图 4-101　定义用户单元　　　　图 4-102　组件目录对话框

注意：要创建参数化节点，您需要进行更多编辑。

③炸开节点。炸开节点命令在定义用户单元时非常有用。该命令可以取消现有节点中的对象的分组，然后您便可以删除和修改该节点中的部件及其他对象。

方法一：要炸开节点，请执行以下操作：

首先，单击菜单栏"细部"→"炸开节点"按钮。

其次，在视图中选择要炸开的节点。

然后，Tekla Structures 软件将取消节点中的对象的分组。

方法二：炸开节点，也可以执行如下操作：

首先，选择要炸开的节点；

其次，右击出现快捷菜单，选择"炸开节点"；

然后，Tekla Structures 软件将取消节点中的对象的分组。

（2）创建自定义节点

1）自定义节点保存。

自定义的节点可以保存在 Tekla Structures 软件组件库中。

在自定义节点之前，您需要在模型中创建一个包含所有必要节点对象（如部件、结合、螺栓等）的自定义节点示例。

提示：要快速创建节点，可先分解一个类似的现有节点，然后更改它以适合您的需要。

2）自定义节点类型。

节点：创建连接对象并将次零件连接到主零件上（图4-103）。

细部：创建细部对象并将其连接到主部件中所选取的位置上（图4-104）。

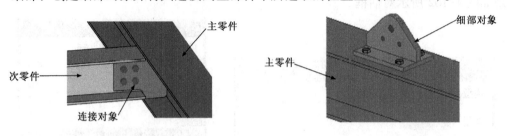

图4-103　次零件连接到主零件上　　　　　　　图4-104　细部连接到主零件上

结合：创建接缝对象并将部件通过沿两点所选取的线连接。

零件：创建一个可以包含连接和细部的组对象。无符号表示，具有与梁相同的位置属性。

3）自定义节点说明。"定义用户单元"命令是作为定义一个简单的自定义节点所用，您可以在与最初创建该节点的位置相似的位置使用该定义节点（图4-105）。此节点不是参数化节点，因此 Tekla Structures 软件中使用时，不会为适应模型中的任何更改而调整尺寸。要创建参数化节点，请参见"编辑自定义节点"。

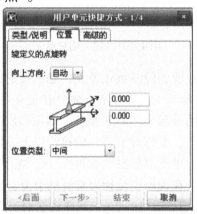
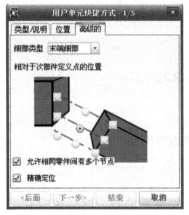

图4-105　自定义节点创建对话框

特对于图 4-105 所示对话框中每个选项卡的部分"字段"作出如下说明（表 4-10）。

选项卡字段说明   表 4-10

字　　段	说　　明	备　　注
类　　型	影响用户将自定义节点插入到模型中的方式。还定义节点是否与现有部件连接	节点、细部、结合、零件
名　　称	节点的唯一名称。如果此名称已存在，下一步按钮将灰显	按您需要命名
说　　明	自定义节点的简短描述	可以不加描述
节点说明	要在图纸中包含此项内容，请在连接标记中包含 Code	标记内容
向上方向	默认向上方向。仅用于节点和细部两种类型	
位置类型	连接的位置（或原点），相对于主零件	
细部类型	确定细部位于主零件的哪一侧。选项有： 中间细部 – Tekla Structures 将在主零件的同一侧创建所有细部 端部细部 – Tekla Structures 将在主零件上最邻近细部的一侧创建所有细部	仅影响非对称细部（如单侧加劲肋）
相对于主部件的定义点位置	您所选取的用来创建细部的位置，相对于主零件对于节点类型，该位置确定了创建连接的位置，相对于次零件	仅用于细部和节点类型
允许相同零件间有多个节点	选中后，允许在相同部件之间的不同位置创建多个连接	仅用于节点类型。该选项对于细部总是允许
精确定位	选中此复选框时，Tekla Structures 将根据您在模型中选取的位置定位接缝。 如果清除此复选框，Tekla Structures 将使用自动接缝识别来定位接缝。此复选框特别适用于扭曲接缝	仅适用于结合类型
定位时使用范围框的中心	选中此复选框时，Tekla Structures 将根据用户零件的边框（实际零件截面周围的框）的中心来定位用户零件	仅适用于零件类型

4）创建自定义节点：

单击菜单栏"细部"→"定义用户单元"按钮，弹出命令向导，按此向导命令的步骤操作。

注意：某些步骤对于不同类型的节点有所不同。

①单击"细部"→"定义用户单元"按钮，启动定制组件向导。

提示：在 Tekla Structures 15.0 版本中，该命令操作改为单击"细部"→"组成"→"定义用户单元"……，启动定制组件向导。

②选择一个"类型"并输入其他属性，然后单击"下一步"按钮。

③选择定制组件将要创建的对象，单击"下一步"按钮。

④下一步根据您在步骤②中选择的"类型"而有如下不同：

对于"节点"，请选择主部件，单击"下一步"按钮，然后选择次部件。

对于"细部"，请选择主部件，然后单击"下一步"按钮。

提示：要按主部件定位细部，请选择主部件，然后单击完成。要按参考点定位细部，请选择参考点，然后选取一个点。

对于"结合"，选择主部件，单击"下一步"按钮，然后选择次部件，单击"下一步"按钮，最后选择两个点表明接缝位置。

对于"零件"，选择一个或两个点。

⑤单击"完成"按钮（图4-106）。

（3）创建自定义节点示例

下面我们将基于现有的主次梁连接节点来创建自定义节点（图4-107）。

图4-106　用户快捷方式类型选择

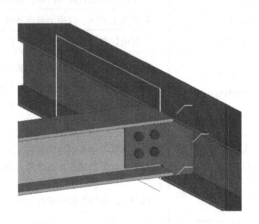

图4-107　创建自定义节点

①单击"细部"→"定义用户单元"按钮，出现如图4-108对话框。

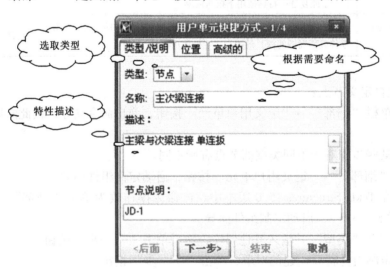

图4-108　自定义节点快捷方式对话框

②在"类型/说明"选项卡上，将类型设置为"连接"。输入自定义节点的"名称"。对于"类型"和"名称"是必须要输入进去的；"描述"和"节点说明"可以根据

需要适时填写。

③在"位置"和"高级的"选项卡上，设置自定义节点的位置类型和其他属性。

④单击"下一步"按钮。

⑤选择要在自定义节点中使用的对象，然后单击"下一步"按钮（图4-109）。

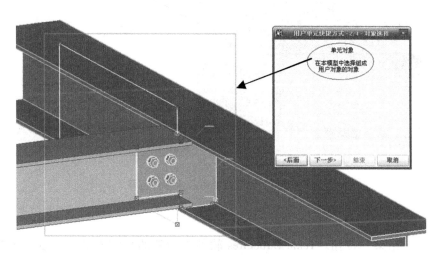

图4-109　单元快捷方式对象选择

自定义节点中使用的对象包括：部件、切割、结合、螺栓、焊缝等对象。您可以使用区域选择的方式来选择自定义节点需要包含的对象；也可以使用按住 Shift 键，用鼠标点选方式选择需要包含的对象。

⑥选择主零件，然后单击"下一步"按钮（图4-110）。

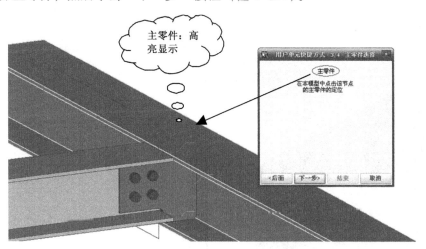

图4-110　单元快捷方式主零件选择

⑦选择次零件。主零件只有一个，次零件可以有多个。要选取多个次零件时，请按住 Shift 键，同时单击要选取的零件（图4-111）。

提示：请注意选取次零件的顺序。在模型中建立相同自定义节点时，将使用相同的选

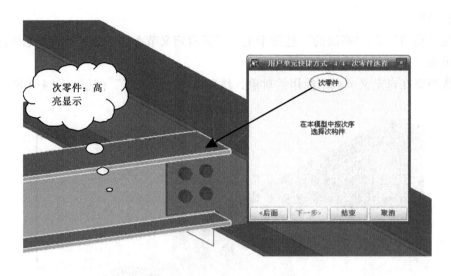

图 4-111　单元快捷方式次零件选择

取顺序。

⑧ 单击"结束"按钮。Tekla Structures 软件将为新的自定义节点显示一个节点符号（图 4-112）。

（4）自定义节点基本属性

选中节点符号，点击右击快捷菜单中"属性"按钮，可弹出图 4-113 对话框。

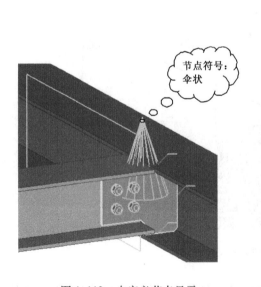

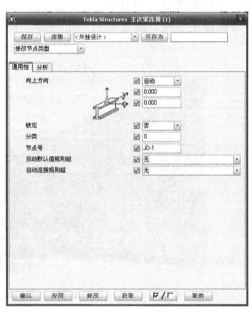

图 4-112　自定义节点显示　　　　图 4-113　自定义节点属性主次梁连接对话框

①定制节点、结合和细部的基本属性（表 4-11）

定制节点、结合和细部的基本属性　　　　　　　　　　　　　　表4-11

字　段	说　明	备　注
向上方向	旋转节点	
相对于次零件的位置	节点相对于主零件的创建点 默认情况下用于细部 要在节点和结合中使用此属性，请在创建节点时，选择高级选项卡中的允许在相同部件间使用多个连接实例	
分类	定制节点所创建的部件的类别	
连接规范	标识连接。Tekla Structures 可在图纸的连接标记中显示此连接代码	
自动默认规则组	用于设置连接属性的规则组	
自动连接规则组	Tekla Structures 用于选择连接的规则组	

②定制零件基本属性（表4-12）。

定制零件基本属性　　　　　　　　　　　　　　　　　　　　　表4-12

字　段	说　明	备　注
向上方向	旋转节点	
相对于次部件的位置	节点相对于主零件的创建点。默认情况下用于细部 要在节点和结合中使用此属性，请在创建节点时，选择高级选项卡中的允许在相同部件间使用多个连接实例	
分类	定制节点所创建的部件的类别	
连接规范	标识连接。Tekla Structures 可在图纸的连接标记中显示此连接代码	
自动默认规则组	用于设置连接属性的规则组	
自动连接规则组	Tekla Structures 用于选择连接的规则组	

（5）编辑自定义节点

1）打开用户编辑器。选择"细部"→"编辑用户单元"命令，选择要编辑的节点，或是先选中要编辑的节点，右击快捷菜单中选择编辑用户单元，即可编辑自定义节点。出现节点的四个视图、用户单元浏览器及用户单元编辑器工具栏（图4-114）。

提示：在 Tekla Structures 15.0 版本中，该命令操作改为使用"细部"→"组成"→"编辑用户单元"命令；右键快捷菜单没变。

2）用户单元编辑器工具栏。使用用户单元编辑器可以修改自定义节点，并创建智能、参数化的节点（图4-115）。

用户单元编辑器工具栏重点命令介绍：

①创建距离：在模型对象和平面之间创建一个固定距离变量。即使周围的对象发生更改，此距离变量也会使对象保持固定的距离。

提示：用于将两个部件绑定到一起或者定义部件尺寸、螺栓边距或间隔。

②生成参考距离：创建模型对象之间的参考距离。移动所参考的对象时，参考距离会

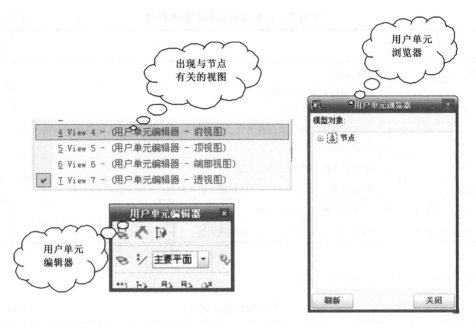

图 4-114 用户单元编辑器对话框

图 4-115 用户单元编辑器工具栏

发生更改。

提示：可将其用在变量对话框中的公式中。

③创建构造平面：在选取的位置创建一个构造平面。

提示：用于创建距离变量，或者用于将对象绑定到磁性平面。

④创建辅助线：在选取的任意两个 3D 点之间创建一条辅助线。

⑤显示变量：打开一个对话框，在其中可以查看、修改和创建变量。变量是自定义节点的属性。

⑥以新名字复制单元到数据库：要只将更改应用到该自定义节点在库中的拷贝，请使用 该命令。Tekla Structures 软件不会将更改应用到该自定义节点在模型中的其他拷贝。

⑦复制单元到数据库：要将对节点的更改应用到该自定义节点的库拷贝和模型中的所有拷贝，请使用该命令。

3）关闭用户单元编辑器

单击工具栏右上角"关闭"按钮，Tekla Structures 软件将询问您是否使用原始名称保存定制组件，如图 4-116 所示。

提示：如果单击"是"按钮，Tekla Structures 软件将覆盖节点在库中和模型中的拷贝。

4）用户单元浏览器

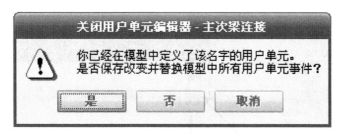

图 4-116 关闭编辑器对话框

用户单元浏览器与用户单元编辑器协同工作。用户单元浏览器以分级树状结构显示自定义节点的内容，是个能够方便获得连接节点中各个目标参数的工具（图 4-117）。

在视图中单击选中一个部件，Tekla Structures 软件将在浏览器中高亮显示该部件。或者，在浏览器中单击一个部件，Tekla Structures 在视图中高亮显示该部件。

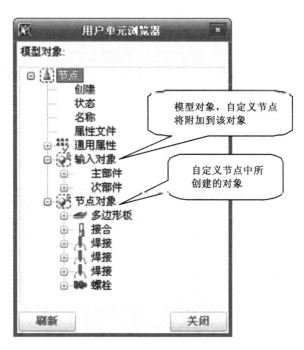

图 4-117　用户单元浏览器对话框

做参数化节点时会用到用户浏览器设置变量与对象属性之间建立链接。如图 4-118 所示。

提示：一旦对某个自定义节点进行编辑并保存后，整个模型中的相同节点都会被编辑并保存。

6. 系统组件（系统节点）

Tekla Structures 软件包含数百个系统组件（系统节点）。您可以双击"组件目录中的名称"或是双击"组件工具栏中的组件"图标，就会生成组件对话框，通过对其属性进行修改、设置、保存，然后在视图中选择需要创建节点的部件，Tekla Structures 软件便可

图4-118　变量设置与浏览器属性链接

创建出您需要的节点。

（1）示例

下面以主次梁连接利用系统节点：特殊的全深度（185）为例（图4-119）。

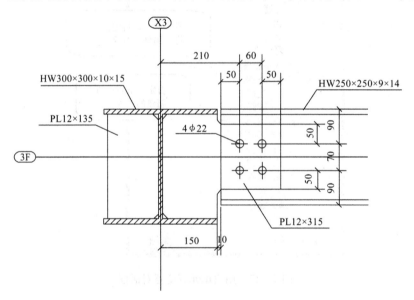

图4-119　主次梁连接节点

假设有如下节点：

①已有模型如图4-120所示。

②打开组件"特殊的全深度（185）"对话框（图4-121）。

③设置属性。根据您的需要对其选项卡内容进行修改并保存。

图形选项卡如图4-122所示。

板选项卡如图4-123所示。

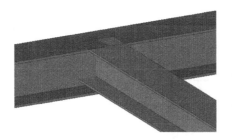

图 4-120　主次梁连接节点模型

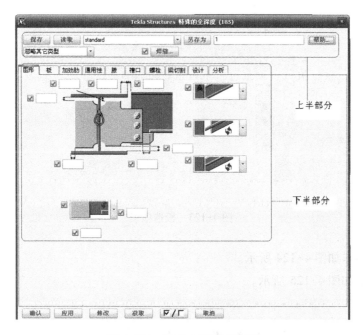

图 4-121　特殊全深度对话框

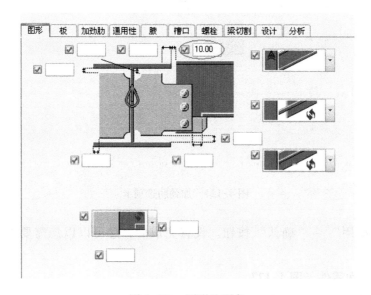

图 4-122　图形选项卡

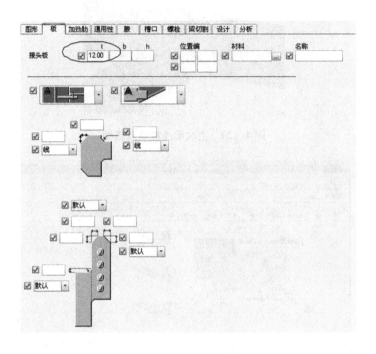

图 4-123　板选项卡

加劲肋选项卡如图 4-124 所示。

螺栓选项卡如图 4-125 所示。

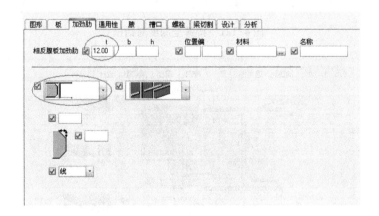

图 4-124　加劲肋选项卡

④点击"应用"→"确认"按钮。设置完成后，您可以以您需要的名称另存下来（图 4-126）。

⑤选择主、次零件（图 4-127）。

⑥完成节点安装（图 4-128）。

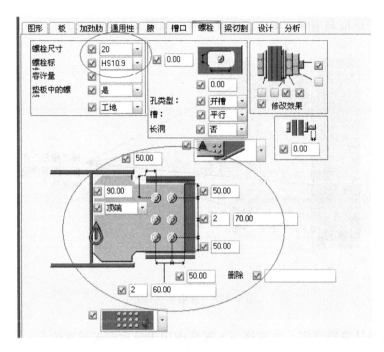

图 4-125　螺栓选项卡

图 4-126　选项设置保存

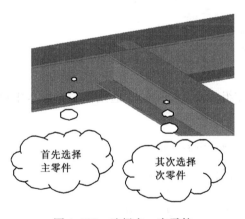

图 4-127　选择主、次零件

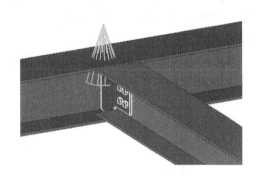

图 4-128　完成节点安装

（2）系统组件（节点）属性介绍

1）部件选取顺序。要创建连接，您需要选取现有的部件或点。

提示：需要注意选择顺序。

①连接的默认选取顺序。Tekla Structures 软件默认的选取顺序为：主零件→次零件。如果存在多个次零件，单击"鼠标中键"，停止选取部件并创建连接。

有些组件对话框利用图示指出了选取顺序。如图 4-129 所示。

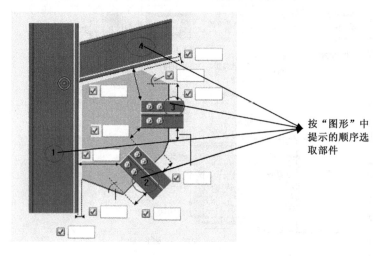

按"图形"中提示的顺序选取部件

图 4-129　选取部件顺序

②细部的默认选取顺序：主零件→主零件中用于显示细部位置的点。

2）节点方向。

连接或细部的向上方向表明连接相对于当前工作平面围绕次部件的旋转方式。如果没有次部件，Tekla Structures 软件将围绕首部件旋转连接。选项有：$+x$、$-x$、$+y$、$-y$、$+z$、$-z$。

组件对话框中的"图形"选项卡中，显示了 Tekla Structures 使用的向上方向。在模型视图中，节点符号也显示了使用的向上方向（图4-130）。

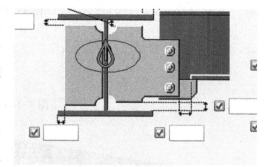

图 4-130　节点符号向上方向

要更改节点方向，可以用手动方式实现，在组件对话框中的"通用性"选项卡中可以设置（图4-131）。

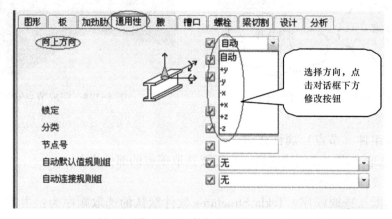

图 4-131　方向改变设置

124

3）自动属性和默认属性。

有些连接对话框中含有的列表框可将属性选项显示为图形。您可以选择系统默认、自动默认或让 Tekla Structures 自动设置属性（图 4-132）。

提示：如果将连接对话框中的字段留空，Tekla Structures 软件将使用系统默认属性。joints. def 文件中的手动项、默认和自动属性，所有这些内容都将覆盖这些系统默认值。您无法更改系统默认属性。

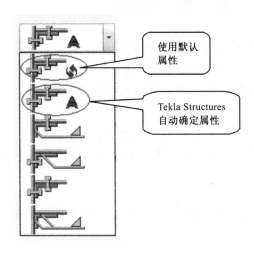标记为默认属性；为软件自动确定属性。

图 4-132　自动属性和默认属性标记

4）使用板选项卡。

使用板选项卡定义在 Tekla Structures 软件使用节点时所创建的节点内的板（图 4-133）。

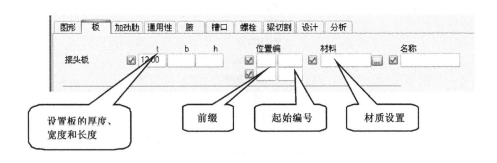

图 4-133　板选项卡使用对话框

定义节点中创建的板材质时，单击相应"　..　"按钮对应的材料字段，出现"选择材质"对话框（图 4-134）。单击材料选项，选择材料材质。

有时要为节点创建的部件设置默认前缀和起始编号。请单击菜单栏"工具"→"选项"命令，弹出选项对话框，选择所有组成选项。您可以根据部件与节点中的其他部件的关系定义不同的前缀和起始编号。请使用"\"字符分隔前缀和部件编号。

图4-134　选择材质对话框

要为节点所创建的部件设置默认部件材料，请单击菜单栏"工具"→"选项"命令，弹出选项对话框，选择所有组成选项。如果将组件对话框中的材料字段留空，则当您应用组件时，Tekla Structures 软件将使用此默认值（图4-135）。

5）使用螺栓选项卡。

可以在组件对话框螺栓选项卡中，修改并保存螺栓属性。当安装螺栓群或长圆孔时，我们需要填入它们在水平以及竖直方向的间距。软件的惯例是以箭头所指的方向为竖直方向（图4-136）。

使用该选项卡设置螺栓数目及间距（包括水平和垂直方向）时，在较短的字段内输入螺栓数目，在较长的字段内输入螺栓间距。请使用空格分隔螺栓间距值，为螺栓间的每个间距输入一个值。

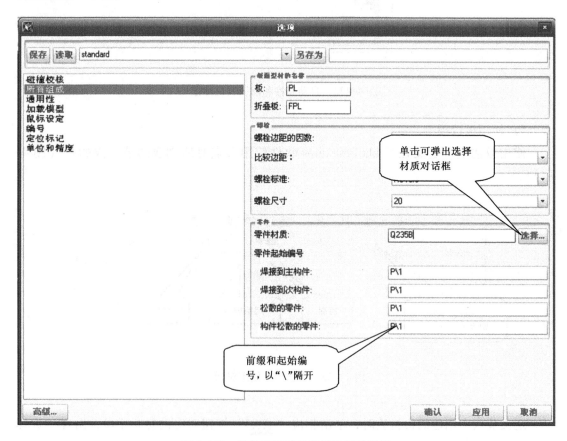

图4-135　部件设置默认前缀和起始编号

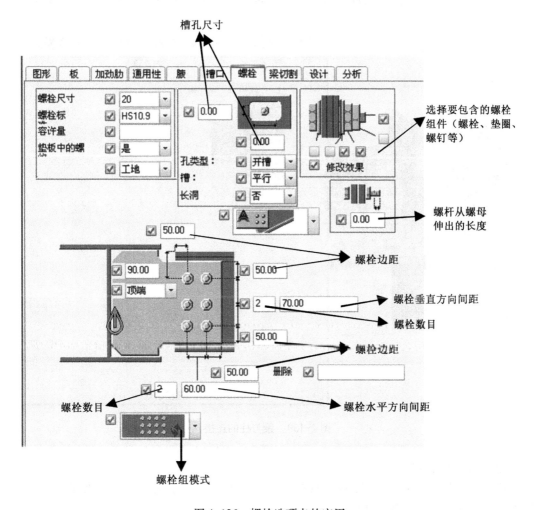

图 4-136　螺栓选项卡的应用

例如：3 排螺栓，间距分别为 70mm 和 100mm（图 4-137）。
图 4-138 为设置生成的螺栓布局。

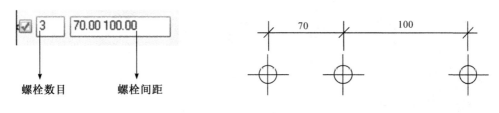

图 4-137　螺栓数目和间距设置　　　　　　　图 4-138　螺栓设置生成

7. 常用的系统组件（节点）
恰到好处地使用系统节点可以提高工作效率。现将一些常用的节点介绍给您。
（1）端板（144）

端板（144）节点位于组件工具栏符号1页面。常用于梁与柱的连接（图4-139）。

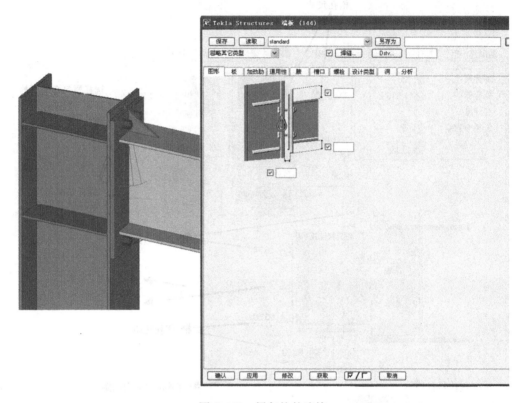

图4-139 梁与柱的连接

（2）单剪板（146）

单剪板（146）节点位于组件工具栏符号1页面。常用于次梁与主框架梁连接，梁与柱的连接（图4-140、图4-141）。

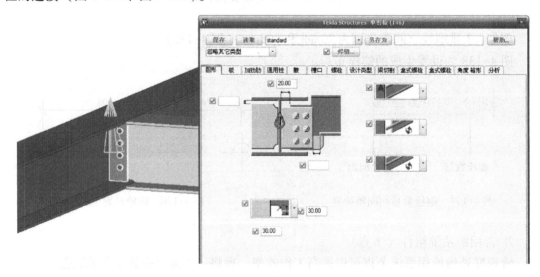

图4-140 次梁与主框架梁连接（单剪板）

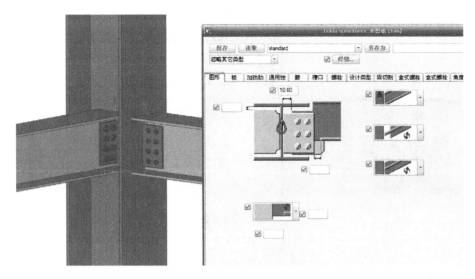

图 4-141　梁与柱连接

（3）焊接到上翼缘（147）

焊接到上翼缘（147）节点位于组件工具栏符号 1 页面。常用于次梁与主框架梁的单剪连接（图 4-142）。

提示：重点梁切割选项卡和螺栓选项卡的设置。

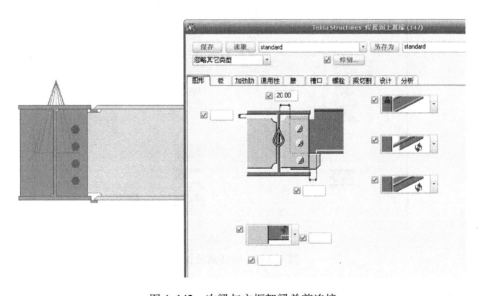

图 4-142　次梁与主框架梁单剪连接

（4）特殊的焊接到上翼缘（149）

特殊的焊接到上翼缘（149）节点位于组件工具栏符号 1 页面。常用于次梁与主框架梁的连接（图 4-143 ~ 图 4-145）。

提示：重点梁切割选项卡和螺栓选项卡的设置。

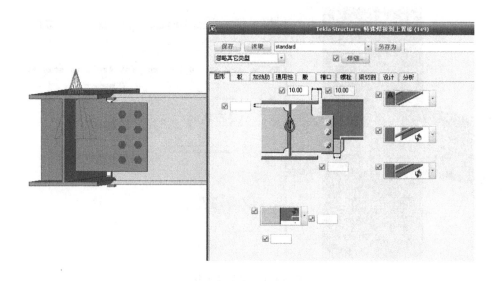

图 4-143　次梁与主框架梁连接（焊接到上翼缘）

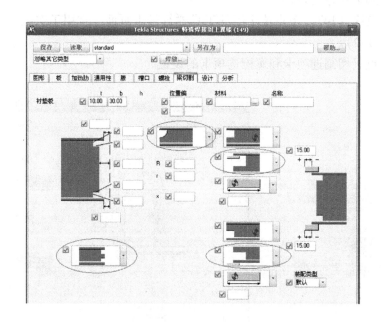

图 4-144　梁切割设置

（5）全深度（184）

全深度（184）节点位于组件工具栏符号 1 页面。常用于次梁与主框架梁的连接（图 4-146）。

（6）特殊的全深度（185）

特殊的全深度（185）节点位于组件工具栏符号 1 页面。常用于次梁与主框架梁的连接（图 4-147）。

130

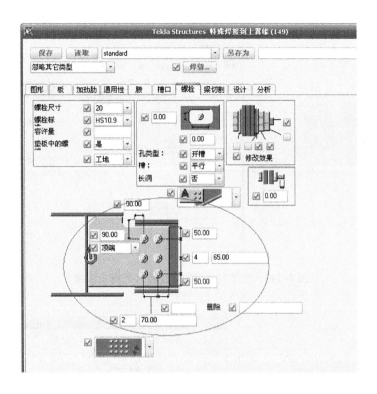

图 4-145　螺栓设置

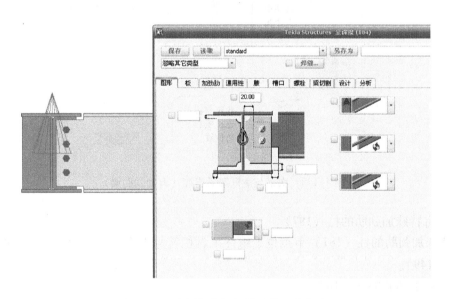

图 4-146　次梁与主框架梁连接（全深度）

（7）有加劲肋的梁（129）

有加劲肋的梁（129）节点位于组件工具栏符号 1 页面。常用于次梁与主框架梁的连接（图 4-148）。

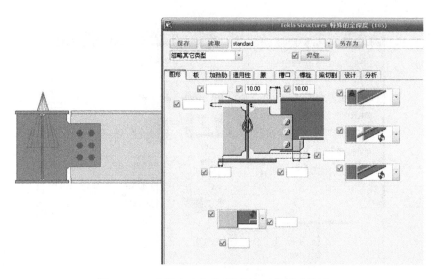

图 4-147　次梁与主框架梁连接（特殊全深度）

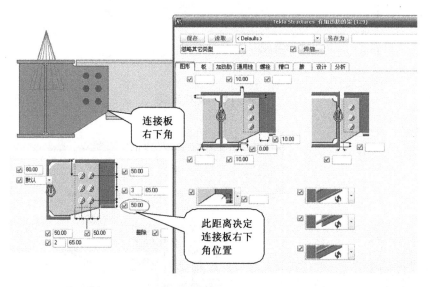

连接板
右下角

此距离决定
连接板右下
角位置

图 4-148　次梁与主框架梁连接（有加劲肋梁）

（8）有特殊加劲肋的柱（187）

有特殊加劲肋的柱（187）节点位于组件工具栏符号 1 页面。常用于梁与柱的铰接连接（图 4-149）。

（9）有加劲肋的柱（182）

有加劲肋的柱（182）节点位于组件工具栏符号 1 页面。常用于梁与柱的刚接连接（图 4-150）。

（10）带加劲肋的垂直连接板（17）

带加劲肋的垂直连接板（17）节点位于组件工具栏符号 2 页面。常用于垂直的梁梁连接（图 4-151）。

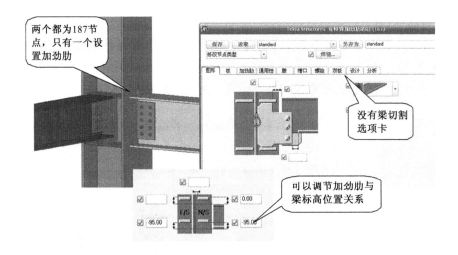

图 4-149 梁与柱的铰接连接

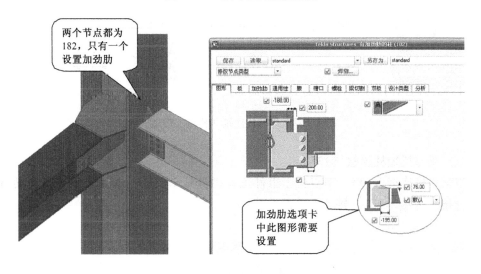

图 4-150 梁与柱的刚接连接

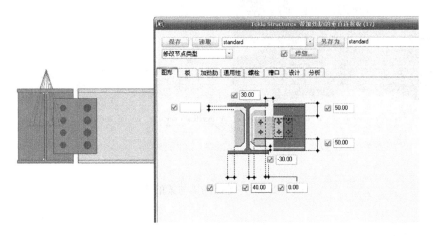

图 4-151 垂直的梁梁连接

（11）短柱（133）

短柱（133）节点位于组件工具栏符号 2 页面。常用于梁与柱的连接（栓接、焊接均可）（图 4-152）。

提示：重点是腹板和翼缘螺栓的属性设置，决定连接板的大小。

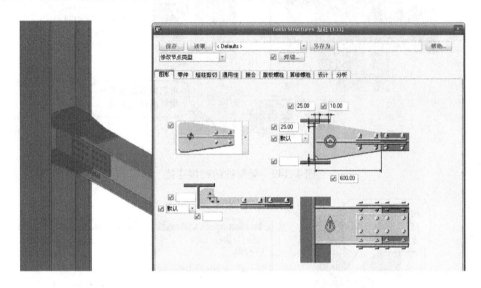

图 4-152　梁与柱连接（栓接、焊接）

（12）梁与梁短柱连接（135）

梁与梁短柱连接（135）节点位于组件工具栏符号 2 页面。常用于不等高的梁与梁的连接（栓接、焊接均可）（图 4-153）。

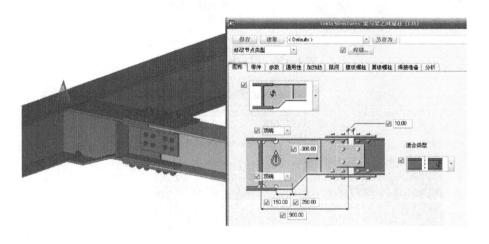

图 4-153　不等高的梁与梁的连接

（13）圆管（23）

圆管（23）节点位于组件工具栏符号 3 页面。常用于钢管相贯（图 4-154）。

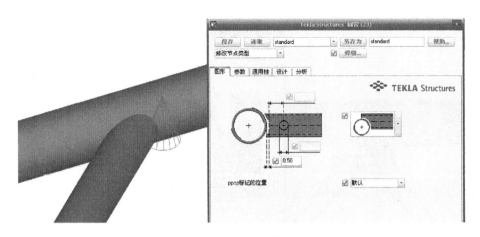

图 4-154　钢管相贯连接

（14）有加劲肋的柱（128）

有加劲肋的柱（128）节点位于组件工具栏符号 3 页面。常用于梁与柱刚性连接（图 4-155）。

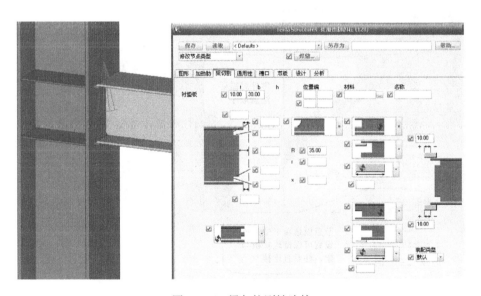

图 4-155　梁与柱刚性连接

（15）管状节点板（20）

管状节点板（20）节点位于组件工具栏符号 4 页面。常用于梁与支撑的连接（图 4-156）。

（16）角部螺栓节点板 2 梁（57）

角部螺栓节点板（57）节点位于组件工具栏符号 4 页面。常用于梁、柱之间的支撑连接（栓接、焊接均可）（图 4-157）。

（17）螺栓连接的节点板（11）

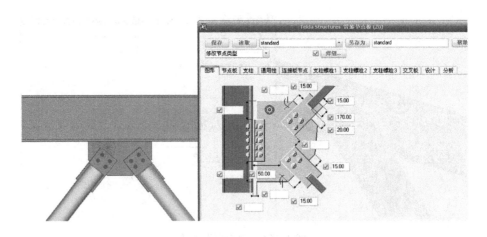

图 4-156　梁与支撑连接设置

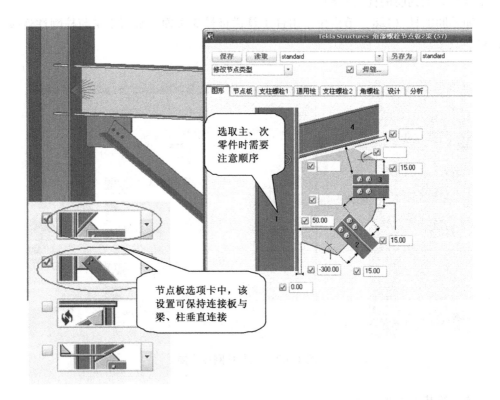

图 4-157　梁柱间支撑连接设置

螺栓连接的节点板（11）节点位于组件工具栏符号 4 页面。常用于各种支撑连接。它适用于不同截面的型材，并且栓接、焊接均可。

焊接的节点板（10）节点位于组件工具栏符号 4 页面。常用于各种支撑连接，它也同样适用不同截面的型材，只是适用于焊接连接。

①十字交叉撑，双角钢截面（图 4-158、图 4-159）

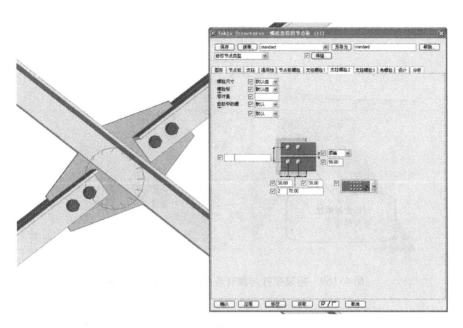

图4-158　螺栓连接节点板设置（双角钢截面）

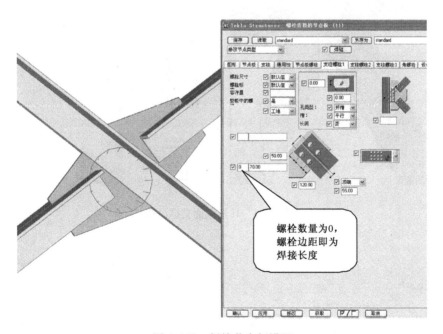

螺栓数量为0，
螺栓边距即为
焊接长度

图4-159　焊接节点板设置

②桁架弦杆与腹杆连接（图4-160）

③H形截面支撑（图4-161）。

H形支撑端部需要切割，需注意节点板选项卡和支柱选项卡的设置，如图4-162所示。

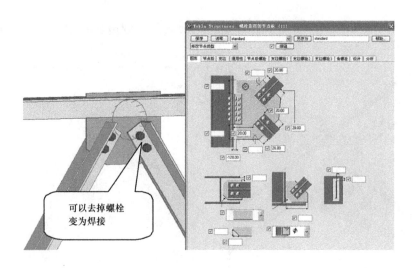

图 4-160　桁架弦杆与腹杆连接设置（双角钢截面）

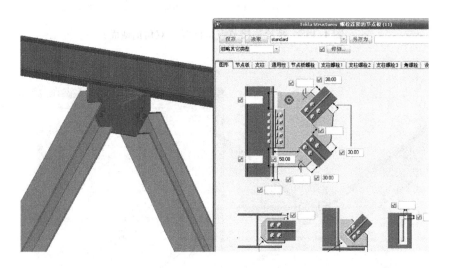

图 4-161　H 形截面支撑设置

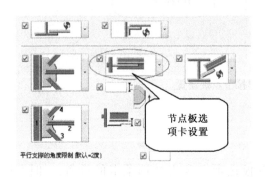

图 4-162　节点选项卡与支柱选项卡设置

（18）抗风支撑（1）

抗风支撑（1）节点位于组件工具栏符号 4 页面。常用于屋面檩条与斜拉杆之间的连接（图 4-163）。

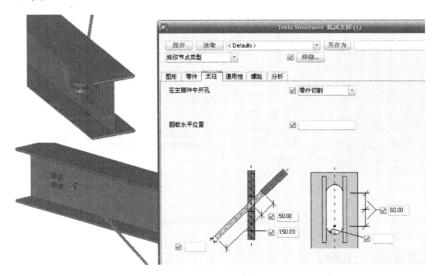

图 4-163　屋面檩条与斜拉杆之间抗风支撑设置

（19）挡风支撑节点（110）

挡风支撑节点（110）节点位于组件工具栏符号 4 页面。常用于屋面支撑或是柱间支撑的连接节点（图 4-164）。

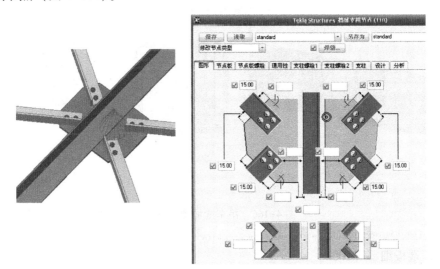

图 4-164　屋面或柱间挡风支撑设置

（20）加劲肋（1003）

加劲肋（1003）节点位于组件工具栏符号 5 页面。常用于 H 型钢加劲肋的建立（图 4-165）。

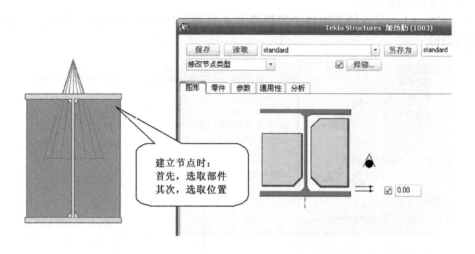

图 4-165　H 型钢加劲肋设置

（21）多重加劲（1064）

多重加劲（1064）节点位于组件工具栏符号 5 页面。常用于 H 型钢吊车梁的加劲肋的建立（图 4-166）。

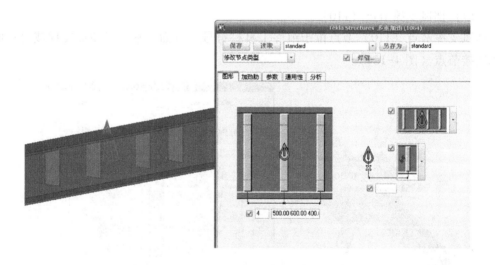

图 4-166　吊车梁加劲肋设置

（22）端板细部（1002）

端板细部（1002）节点位于组件工具栏符号 5 页面。常用于某些柱顶端板的建立（图 4-167）。

（23）底板（1004）

底板（1004）节点位于组件工具栏符号 5 页面。常用于柱底板（带有抗剪键）的建立（图 4-168）。

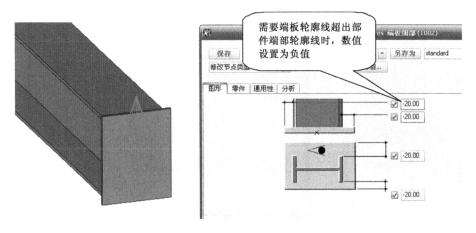

图4-167 柱端板细部设置

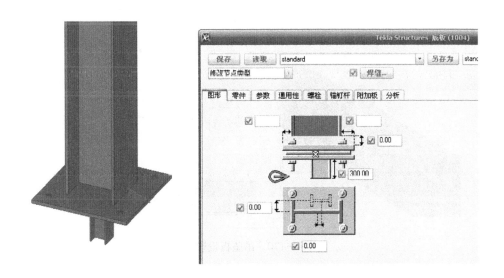

图4-168 柱底板（带抗剪键）设置

（24）圆形底板（1052）

底板（1052）节点位于组件工具栏符号5页面。常用于圆管柱圆形底板的建立（图4-169）。

（25）升高/纠正量（1031）

升高/纠正量（1031）节点位于组件工具栏符号6页面。常用于为了施工方便的吊坠板的设置（图4-170）。

（26）管道孔插塞套（1029）

管道孔插塞套（1029）节点位于组件工具栏符号6页面。常用于与机电专业配合，留置管道孔洞（图4-171）。

（27）腋（40）

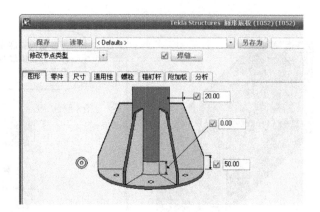

图4-169　圆柱底板设置

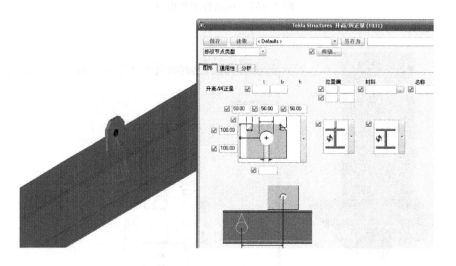

图4-170　吊坠板设置

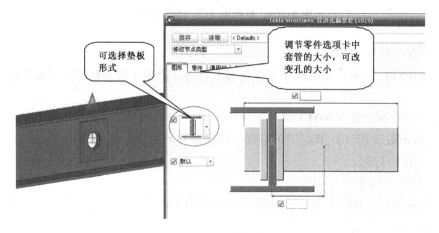

图4-171　机电安装管道孔设置

腋（40）节点位于组件工具栏符号7页面。常用于厂房屋面梁与柱连接或是其他需要加腋的梁与柱的连接（图4-172）。

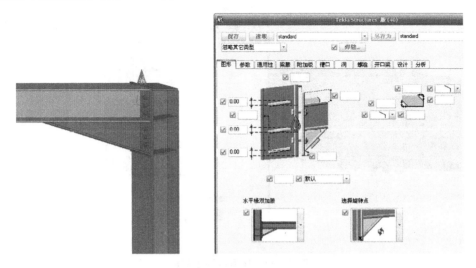

图4-172　梁柱连接腋设置

该对话框的参数选项卡中，加劲肋的设置可根据需要选择不同图形来实现（图4-173）。

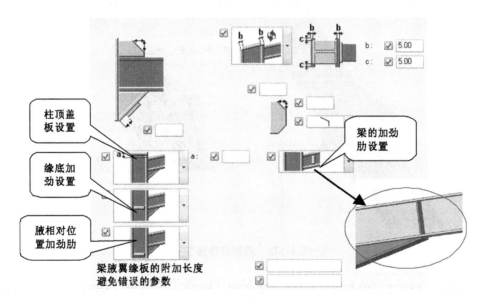

图4-173　不同形式加劲肋

（28）美国拼接节点（77）

美国拼接节点（77）节点位于组件工具栏符号8页面。常用于H型钢的拼接节点（图4-174）。

（29）圆环连接板（124）

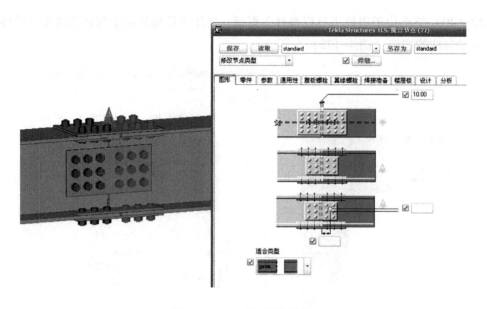

图 4-174　H 型钢拼接节点

圆环连接板（124）节点位于组件工具栏符号 8 页面。常用于圆钢管的拼接节点（图 4-175）。

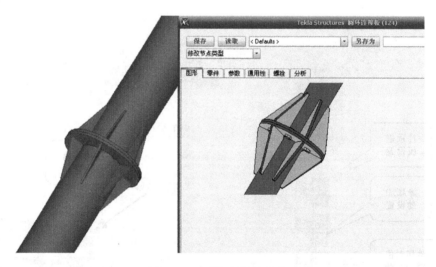

图 4-175　圆钢管拼接节点

相交截面（S32）、相交板（S33）、箱形梁（S13）、楔形梁（S98）节点位于组件工具栏符号 9 页面。它们都常用于相应截面的构件的建立。

以上是举例说明有些系统节点我们常常用到，并且有时不同名称的系统节点，经过设置可以达到同样的效果。比如：螺栓连接的节点板（11）与焊接的节点板（10）这两个节点都可以用在支撑的焊接连接。

另外，系统组件工具栏中还包括很多的系统节点，需要我们再深入探究有哪些可以为我们提高工作效率而用。Tekla Structures 系统节点并不都适应我国的节点设计习惯。

提示：利用系统节点安装模型节点，并不能像自定义节点那样，对某个自定义节点进行编辑并保存后，整个模型中的相同节点都会被编辑并保存，而是只对单个的系统节点进行编辑和保存。

例如：发现模型中某些位置不同，内容完全相同的节点有问题并需要变更时。利用自定义节点建立的模型可以一次性将整个模型中的相同节点变更保存；利用系统节点建立的模型，需要逐个节点——变更保存。

8. 交互节点

交互节点就是利用类似系统节点创建节点，然后炸开并经过适当修改，变成您需要的节点类型。鉴于 Tekla Structures 系统节点并不都适应我国的节点设计习惯，重新建立操作又比较慢，所以建议使用交互节点，然后再建立自定义节点进行模型节点的创建。

9. 参数化节点

一般，我们用到的都是自己创建节点，不参数化。但是当系统内的组件类型不足以支持您模型的建立时，可以将您创建的节点参数化。对于参数化节点的具体建立和操作流程本书不做深入探讨。

4.7.5 审核模型及编号

1. 审核模型

审核模型在利用 Tekla Structures 软件进行深化设计过程中必不可少，非常关键。有过程中的审核、完成后的互相审核和专门人员的审核。

在模型的建立过程中，时刻注意检查模型。比如建立节点前，检查构件的型号位置是否正确；建立节点过程中，随时碰撞校核等。

模型完成后，合作人员之间互相检查模型还是有必要的。有时工期非常紧张的情况下，会省略该项过程。所以要求模型建立者在建立模型过程中以及完成后，采用认真的态度，系统的有条不紊的建立模型和审核模型十分重要。

每个单位都会有专门审核图纸的技术人员。他们也需要学会软件的基本操作，以方便审核图纸过程中，对照模型进行审核。可以加快审核速度和提高审核质量。

2. 编号

编号是用来区分不同构件的重要信息，Tekla Structures 软件自动区分不同构件并给予不同编号。

（1）打开编号设置

单击"设置"→"编号"按钮，弹出如图 4-176 所示"编号设置"对话框。

（2）编号选项设置

1）一般选项

①全部重编号：Tekla Structures 软件对所有部件重新编号。以前所有的编号信息丢失。

②重新使用旧编号：Tekla Structures 软件重新使用曾分配给部件而后被删除的编号。这些编号可用于对新的或修改后的部件进行编号。

③校核标准零件：若已建立了一个标准部件模型，Tekla Structures 软件对当前模型中的部件和标准部件模型进行比较。若要编号的零件与标准模型的一个部件相同，Tekla Structures 软件为其分配与标准模型中部件相同的编号。

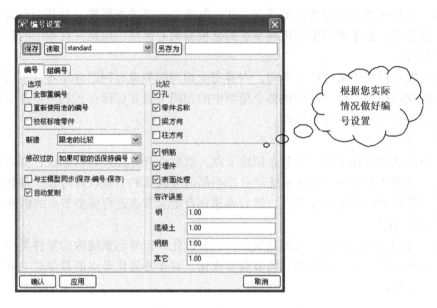

图 4-176　编号设置打开对话框

2）对新建部件编号选项（图 4-177）

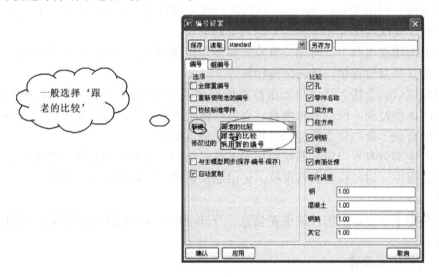

图 4-177　新建编号选项设置

跟老的比较：新部件会获得与以前已编号的相似部件相同的编号。

采用新的编号：即使已存在相似的编号部件，新部件也将获得以前未被使用过的编号。

3）对修改的部件编号选项（图 4-178）

跟老的比较及采用新的编号都与上述新建部件编号选项相同。

如果可能的话保持编号：在可能的情况下，修改的部件保留其以前的编号。

提示：在更改编号设置后，一定要对模型重新进行完全编号。

图4-178 修改过的编号选项设置

3. 应用编号

做好编号设置，再次确认模型没有问题。您就可以应用编号了（图4-179）。应用编号时，Tekla Structures 软件为部件和装配件指定标记。

图4-179 新编号应用

单击菜单"工具"→"编号"按钮，选择要应用的选项。

图4-179中右连菜单介绍：

被修改的：为所有修改的和新的部件和装配件指定标记。

全部：为所有的标记和装配件指定标记。

分配编号：更改最终的位置编号。

取消选择部件的编号：删除当前选择的部件和装配件的位置编号。

取消选定部件的编号（只适用于部件）：删除当前选择的部件的位置编号。

选择未编号的构件（只适用于构件）：为所有未编号的构件指定标记。

基本的标记：将所选标记的当前位置编号保存为预备标记

生成控制编号：分配部件控制编号。

锁住/解锁控制编号：锁住或解除锁定控制编号。

4. 锁住/解锁控制编号

要控制 Tekla Structures 软件对模型中的所有部件或特定部件进行编号，请使用"锁定/解锁控制编号"工具。

（1）打开"锁定/解锁控制编号"工具。

单击"工具"→"编号"→"锁定/解锁控制编号"按钮，弹出图4-180对话框。

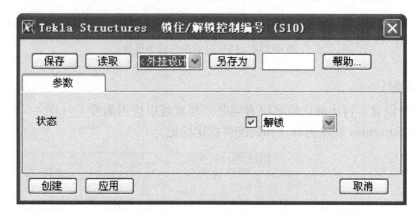

图4-180　锁住/解锁控制编号对话框

（2）使用"锁住/解锁控制编号"命令，选择"解锁"还是"锁住"。

要锁住或解除锁定所有部件的控制编号，则不要选择模型中的任何部件。

要锁住或解除锁定特定部件的控制编号，则在模型中选择该特定部件。

（3）单击"应用"按钮，然后点击"创建"按钮。

4.7.6　创建图纸

1. 图纸简介

在 Tekla Structures 软件中，图纸与模型是链接的关系，图纸跟随模型变更自动更新。

图纸由图样、图框、材料表、螺栓表等组成。需要分别在模型编辑器、模板编辑器和图纸编辑器中完成各项操作。

模型编辑器中提供了创建和管理图纸的命令；模板编辑器提供了编辑材料表、螺栓表的命令；图纸编辑器提供了查看和编辑图纸的命令。总之，图纸命令有些位于模型编辑器中，有些位于图纸编辑器中。

要查看并管理现有的图纸，请单击菜单栏"图纸"→"清单"按钮。

（1）图纸类型

钢结构施工详图分为几类，包括零件图、构件图、整体布置图、多构件图。单击"图纸"按钮,可弹出如图4-181所示的下拉菜单。

①零件图纸。零件图纸是显示单个部件的制造信息的工厂图纸。通常焊缝不需要表示,但坡口需要注明,一般用 A4 尺寸图纸(图4-182)。

②构件图。构件图纸是显示单个装配件的制造信息。在大多数情况下,一个装配件由多个栓接或焊接到主部件上的单个部件组成,属于典型的工厂图纸。一般用 A3 尺寸图纸(图4-183)。

图4-181 图纸类型菜单

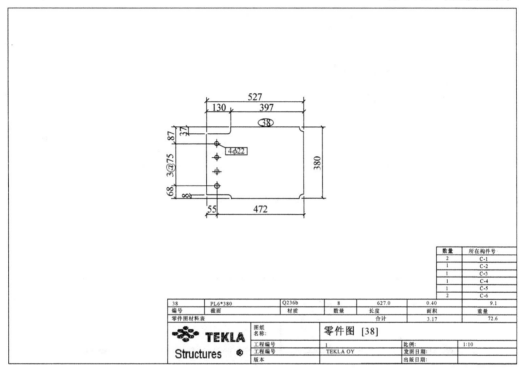

图4-182 零件图

③整体布置图。整体布置图包括平面、立面、剖面和三维图纸(图4-184)。它精确地指出了每根构件所处的空间位置。它为审图人员和安装人员提供了必要的参考依据,使他们的工作可以更加便捷快速地完成。

在以下情况下需要创建整体布置(GA)图。如果需要在一幅图纸含有多个视图,其中包括整个模型或者该模型的一个部件;需要立面、标记或者锚栓平面图;需要模型视图的信息,包括三维视图。

④多构件图。多重图纸是将多个单部件图纸或者装配图纸集中在一个页面上的工厂图纸。软件自动标示出模型中共几件以及构件编号(图4-185)。

在以下情况下需要创建多构件图纸:需要在一个页面上放置多个装配件;需要在一个较大的页面上放置多个单部件图纸。

149

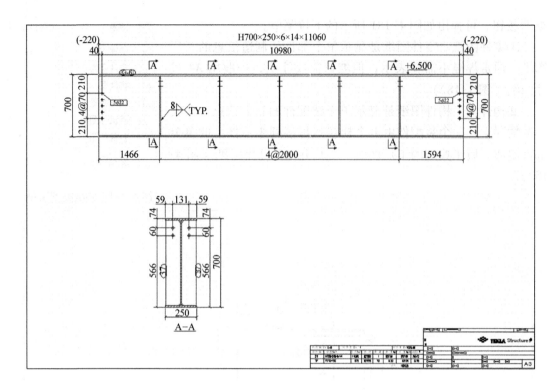

图 4-183　构件图

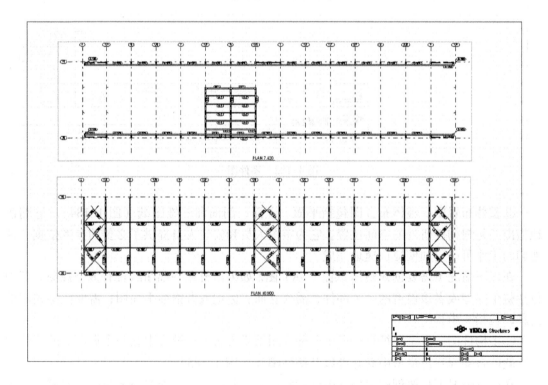

图 4-184　整体布置图

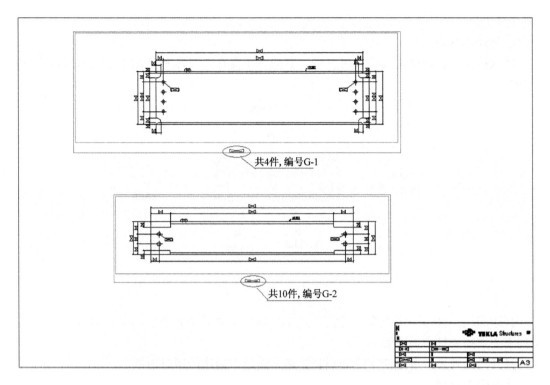

图 4-185　多构件图

（2）图纸编辑器界面

当您启动 Tekla Structures 软件的图纸编辑器时，用于建模的菜单和图标消失，而出现几个新的工具栏，如图 4-186 所示。

提示：此时模型视图仍保留在屏幕上。

图 4-186　图纸编辑器

（3）基本工具栏

①标准工具栏。

默认情况下，标准工具栏是可见的。它包含了保存、打印和使用图纸的基本命令（图4-187）。

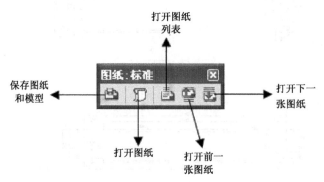

图4-187 标准工具栏

打印图纸：打印一张或多张图纸。此命令将打开图纸列表和打印图纸对话框。请从图纸列表中选择要打印的图纸。

打开图纸列表：可以使用图纸列表管理从模型中创建的所有图纸。

②编辑工具栏。

编辑工具栏包含用来修剪和切断图形对象的命令（图4-188）。

③工具工具栏（图4-189）。

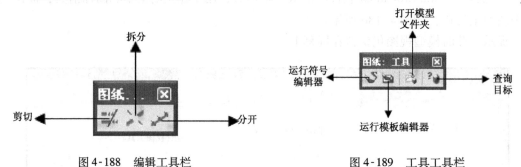

图4-188 编辑工具栏   图4-189 工具工具栏

运行符号编辑器：点击该图标即可进入符号编辑器界面。

运行模板编辑器：点击该图标即可进入模板编辑器界面。

打开模型文件件：显示包含与当前打开的模型关联的所有文件的文件夹。如果没有打开模型，Tekla Structures 将显示创建模型过程中定义的模型文件夹。

④视图工具栏。

视图工具栏包含创建视图和缩放的命令（图4-190）。

a. 从模型视图中创建视图：将您设定好的模型视图内容创建到图纸中，以满足您需要的视图形式。

示例：创建某工程三维视图

第一步：在模型编辑器界面编辑您需要的视图形式。如图4-191所示。

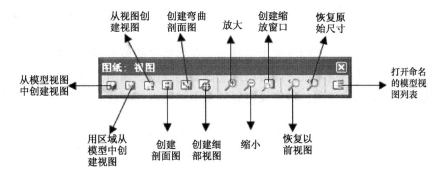

图 4-190　视图工具栏

图 4-191　编辑视图形式

第二步：创建一张空图纸。点击"图纸"→"整体布置图"按钮，弹出如图 4-192
对话框。

图 4-192　创建空的图纸

第三步：点击"图纸"→"清单"按钮，打开刚刚创建的空图纸，并最小化图纸窗口。

第四步：点击该图标，光标变成十字状态，在您需要的模型视图中单击任何位置。

第五步：打开创建的空图纸，即可出现您需要的视图。如图 4-193 所示。

用区域从模型中创建视图：将您设定好的模型视图内容创建到图纸中，以满足您需要的视图形式。

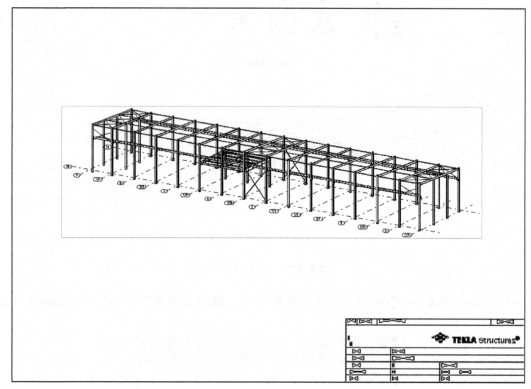

图 4-193　创建完成图纸

与上述步骤基本一致，只是第四步"在模型视图中单击任何位置"改为"在模型视图中框选您需要的视图位置"，然后您框选范围内的视图即可出现在图纸中。

b. 从视图创建视图：是在图纸编辑器中进行操作的。一般用于放大构件某部位。

示例：梁端头放大视图。

第一步：打开相关图纸，点击该图标。

第二步：光标改为十字光标，框选需要放大的区域，如图 4-194 所示。

第三步：放置放大视图到合适位置，并修改。如图 4-195 所示。

放大：在当前激活的视图中起作用。

缩小：在当前激活的视图中起作用。

创建缩放窗口：在其中有两个附加工具，放大镜和平移工具。

提示：只能从线框视图创建缩放窗口。

恢复以前视图：恢复到前一缩放比例。只能在当前激活的视图中起作用。

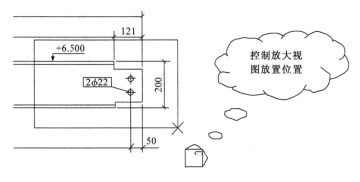

图 4-194　需放大区域

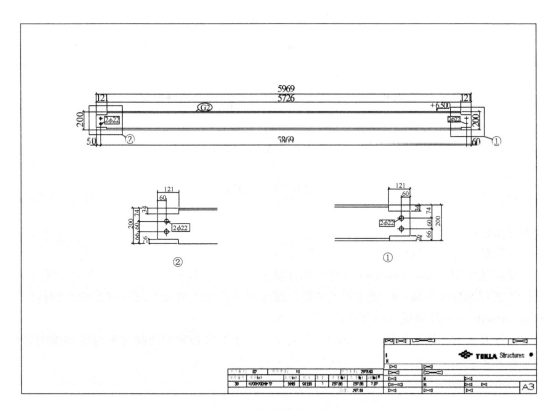

图 4-195　放大部位设置

恢复原始尺寸：恢复到原始缩放水平。只能在当前激活的视图中起作用。

⑤文本工具栏。

您可以使用文本工具栏向图纸中添加文本和符号（图 4-196）。

创建水平标志：一般利用该命令创建构件标高。

⑥图纸工具栏。

使用图纸工具栏创建附加的图纸对象。例如：画线、画矩形、画弧等（图 4-197）。

画云：当模型发生变化，图纸也会一起变更，软件会自动在图纸中绘制云线。该命令

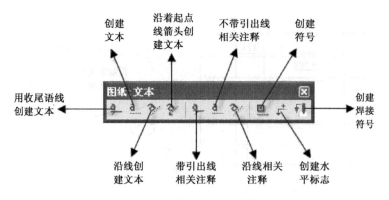

图4-196　文本工具栏

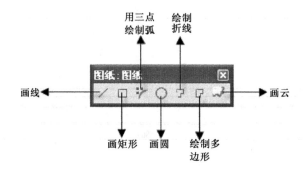

图4-197　图纸工具栏

可以手动绘制云线。

⑦图纸：选择工具栏。

要高效使用 Tekla Structures 软件，您需要知道如何选择对象以及如何使用选择开关。选择开关和捕捉设置是一些特殊的工具栏，您可以使用其中的开关控制可选择的物体以及 Tekla Structures 软件捕捉点的方式。

选择开关的作用是控制可选择的对象类型。图纸编辑器中的选择开关与模型编辑器中的选择开关使用方式相同，但是具体的开关不同（图4-198）。

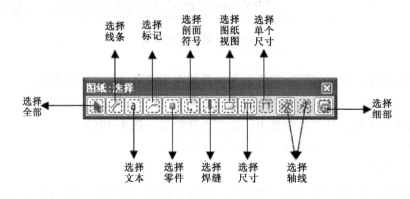

图4-198　图纸选择工具栏

选择全部：选择图纸全部内容。您可以选择除单个螺栓外的所有对象类型。

选择线条：选择图纸线条。

选择文本：选择图纸文本。

选择标记：选择图纸标记。您可以选择部件、螺栓和连接标记。

选择图纸部件：选择图纸零件。

选择剖面符号：选择剖面符号。

选择焊缝：选择图纸焊缝。

选择视图：选择图纸视图。

选择尺寸：选择图纸尺寸。

选择单个尺寸：选择图纸单个尺寸。

选择细部：选择细部。

⑧图纸：捕捉设置工具栏（图4-199）。

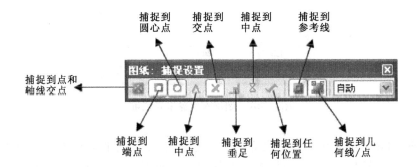

图4-199 图纸捕捉设置工具栏

利用不同的捕捉设置，控制光标可以捕捉点位置。

⑨图纸：尺寸工具栏（图4-200）。

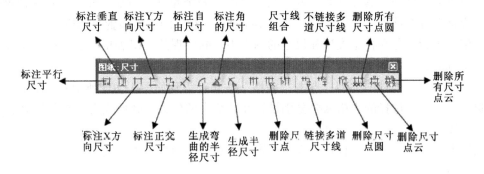

图4-200 图纸尺寸工具栏

Tekla Structures 软件自动生成的图纸，有的需要标注尺寸和编辑尺寸线，其标注尺寸以及对尺寸的编辑用到的命令都在尺寸工具栏中包括了。

提示：Tekla Structures 软件的横向尺寸标注和纵向尺寸标注是分开的两个命令。

（4）图纸布置

Tekla Structures 包括图纸布置和图纸视图（图4-201）。布置定义了要包括的图纸表格并设置增大图纸尺寸的规则。每个布置都有其自己的表格布置、固定图纸尺寸和计算图纸尺寸。

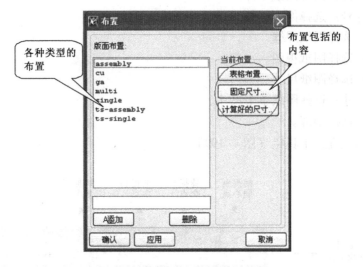

图4-201 图纸布置显示对话框

Tekla Structures 包括几种预定义布置，而这些布置与图纸类型连接。每种图纸类型（零件图纸、构件图纸、整体布置图和多构件图）都有其各自的布置。您也可以定义您自己的布置。

要定义布置，单击模型编辑器中的"属性"→"布置"按钮。Tekla Structures 将显示布置对话框。

1）表格布置。

在布置对话框中，选择任意一种布置，单击"表格布置"按钮，即可得到这种布置对应下的表格布置对话框。如图4-202 为"assmebly"对应的表格布置对话框。

表格布置指的是在特定类型和尺寸的图纸中一同出现的一组表格。它可以定义在图纸中可以出现的表格、表格的位置和图纸框架及视图之间保留间距的大小。

选择您适宜的构件图类型，点击"表格"按钮，得到如图4-203 所示对话框。

提示：每一个选择的表格需要分别设置在图纸中的位置，并要点击"更新"按钮以确认您的设置。

图纸框架和叠合标记不包括在表格布置中，在打印图纸时进行定义。

2）使用表格。

要打开表格对话框，请执行以下操作：①在模型编辑器中，单击"属性"、"布置"按钮；②选择一个布置并单击表格"布置"按钮；③选择表格"布置"并单击"表格"按钮。

要在表格布置中定义表格的位置，请执行以下操作：① 打开"表格"对话框；②从已选择的表格列表中选择表格；③选择一个表格角点作为其参考点，并选中该角点的复选

158

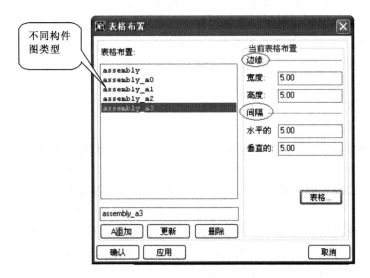

图 4-202　表格布置对话框

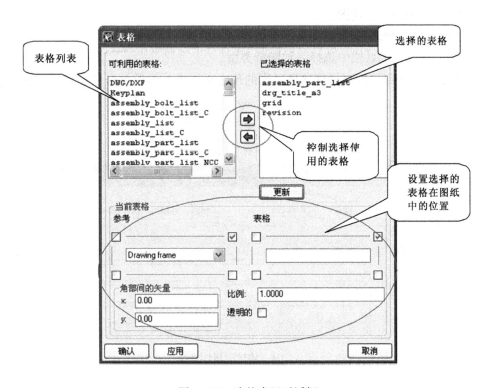

图 4-203　表格布置对话框

框；④在参考列表框中，选择参考对象（即另一个表格或者图纸框架）；⑤选择参考对象
的参考点，并选中相应角点的复选框；⑥在角点间的矢量字段中，定义表格到参考对象的
水平和垂直距离；⑦单击更新；⑧对已选择的表格列表中的所有表格重复上述步骤；⑨单
击应用或确定，以保存表格布置。

提示：如果需要在表格之间保留间距，您可以在表格参考点和绑定对象参考点之间定义一个矢量。使用 x 和 y 字段输入距离。

2. 创建图纸

模型一经完成后，您就可以开始创建要发出的图纸。下面就准备工作和创建图纸的方法进行介绍：

（1）准备工作

①更新模型对象的编号。

②创建各种部件类型的测试图纸，来查看预定义图纸属性和布置是否能满足您的要求。

③必要时可修改图纸的属性和布置并进行保存。为属性文件输入名称并单击"另存为"按钮。

提示：在创建或编辑装配件、单部件、浇筑单元或多构件图纸之前，您需要对模型进行编号。这样做的目的是让 Tekla Structures 软件将正确的对象链接到正确的图纸。Tekla Structures 软件会提醒您编号必须保持最新。

（2）创建图纸的方法

①使用模型编辑器创建图纸。

您可以在模型编辑器中创建图纸。要创建图纸请执行以下操作：

第一步：从属性工具栏中选择一种图纸类型。

第二步：使用图纸属性对话框选择适当的预定义属性，然后单击"读取"按钮（图4-204）。

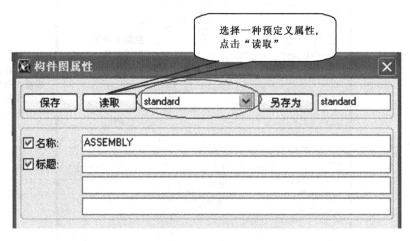

图4-204　构件图属性选择

第三步：单击"应用"或"确认"按钮。

第四步：单击"设置"→"选择过滤器"按钮，并找到适当的过滤器来选择要创建其图纸的部件（图4-205）。

第五步：选择整个模型。单击"编辑"→"选择所有对象"按钮。

第六步：在图纸菜单上选择图纸类型。单击"图纸"→"构件图"或是"零件图纸"按钮等。

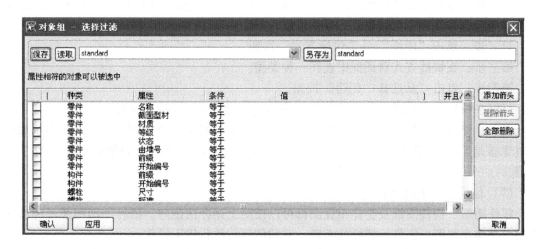

图 4-205　对象组选择过滤创建部件

第七步：Tekla Structures 创建图纸，而且这些图纸会出现在图纸对话框中的图纸列表中。单击"图纸"→"清单"按钮，可查看和管理该部分图纸。

②使用快捷方式创建图纸。

向导合并了一系列的操作，使您只用一条命令就可以创建图纸。您可以使用向导创建零件图纸、构件图纸和多构件图纸，并且您可以从系统文件夹中选择预定义向导文件，编辑这些向导文件或创建您自己的向导文件（图 4-206）。

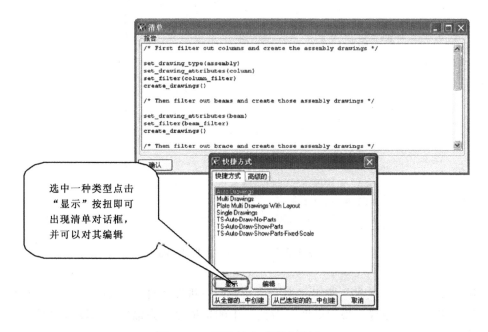

图 4-206　用快捷方式创建图纸

要创建图纸请执行以下操作：

第一步：选择创建其图纸的部件。您也可以选择整个模型并使用过滤器来细化您的选择。

第二步：单击"图纸"→"快捷方式"按钮。

第三步：在快捷方式对话框中选择一种类型。

第四步：点击"从选择中创建"按钮。

可以在快捷方式对话框中的"高级选项卡"中设置有关的日志文件。

提示：建模时，您也应定期创建图纸（和报告）来检查以下项目：预定义的图纸属性和过滤器是否满足您的要求，或者您是否应该修改它们；模型中的细部、尺寸等是否正确。

（3）创建锚栓平面布置图

零件图纸、构件图纸及整体布置图都可以按照上述办法创建。锚栓平面图是一种特殊类型的整体布置图，它显示锚栓的布置。它的创建请执行以下操作：

第一步：单击"属性"→"整体布置图"按钮，弹出"整体布置图属性"对话框（图4-207）。

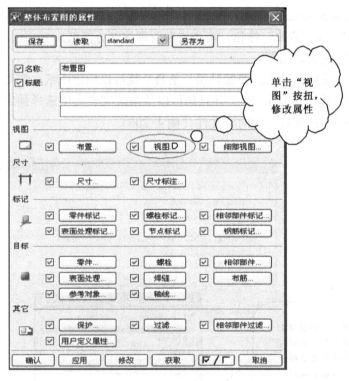

图4-207　整体布置图视图创建

第二步：单击"视图"按钮，弹出"布置图—视图属性"对话框（图4-208）。

第三步：将"布置—视图属性"对话框中的选项显示为锚栓平面设为"是"。

第四步：点击"应用""确认"按钮。

第五步：单击"图纸"→"整体布置图"按钮，弹出"创建整体布置图"对话框（图4-209）。

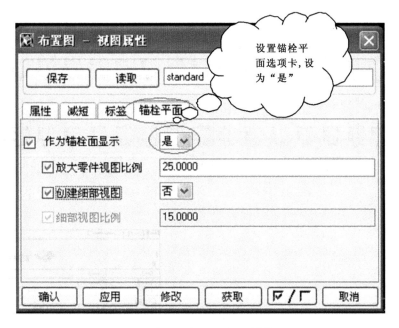

图 4-208　布置图视图属性（锚栓平面）

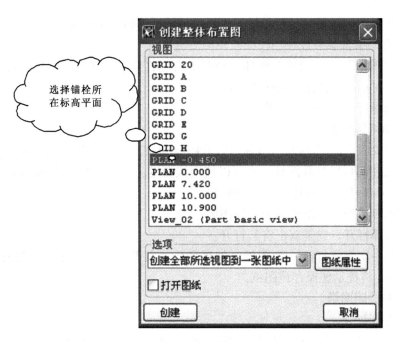

图 4-209　选择锚栓所在平面

第六步：选择锚栓位置所在标高平面，单击"创建"按钮。

第七步：Tekla Structures 创建图纸，而且图纸会出现在图纸对话框中的图纸列表中（图 4-210）。单击"图纸"→"清单"按钮，可查看和管理该图纸。

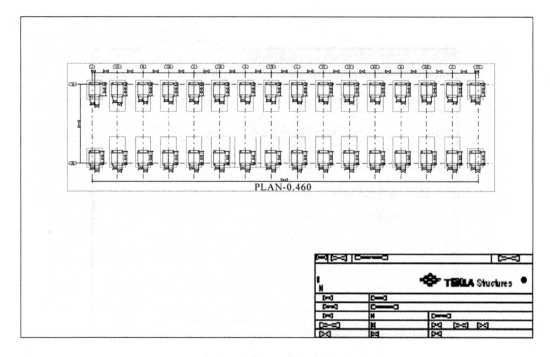

图 4-210　锚栓平面布置图

3. 打开图纸

您可以从模型编辑器中打开图纸，也可以从图纸编辑器中打开图纸。方法分别如下：

（1）从模型编辑器中打开

①单击"图纸"→"清单"按钮，或是单击"打开图纸列表"图标，打开图纸列表。

②在图纸对话框的图纸列表中选择图纸。

③右击选择打开，或是双击将其打开。

（2）从图纸编辑器中打开

①单击"文件"→"打开"按钮，打开图纸列表。可以使用"打开前一个"或"打开下一个"按钮都可以打开图纸；也可以使用快捷键：Ctrl + Page Down 打开列表中的下一个图纸，Ctrl + Page Up 打开前一个图纸。

②在图纸对话框的图纸列表中选择图纸。

③右击选择打开，或是双击将其打开。

提示：您一次只能打开一张图纸。如果您已经打开了一张图纸，在打开下一张之前 Tekla Structures 将提示您保存该图纸。

4. 保存和关闭图纸

（1）保存图纸

您可以单击"文件"→"保存"按钮，或是单击"保存"图标进行保存图纸。Tekla Structures 也会按照设置的时间间隔自动保存图纸。

（2）关闭图纸

要关闭一张图纸，可以单击图纸窗口右上角的"关闭"按钮；也可单击"文件"→"关闭"按钮，出现一个确认对话框，Tekla Structures 将提示您是否保存图纸（图 4-211）。

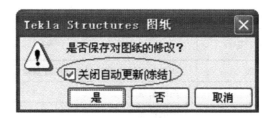

图 4-211 关闭图纸确认对话框

（3）冻结图纸

建议选择上图所示"关闭自动更新（冻结）"复选框。当模型被更改时，Tekla Structures 软件将更新冻结图纸中的部件和图纸对象，但不会覆盖任何手动添加的元素（例如，额外标记或尺寸）。

5. 图纸列表

单击"图纸"→"清单"按钮，弹出图纸列表对话框。模型库中已有的所有图纸都显示在本表里，单击图纸图标可以打开它。可使用该表对图纸进行选择、冻结和锁定（图 4-212）。

您还可以改变对话框的尺寸，对列进行分类，改变列的宽度。

图 4-212 图纸列表对话框

用户定义的图名和改版也可在表上看见，名称可通过修改图纸定义。生成或修改模型后，生成图纸前要对模型编号。编号完成后，图纸列表（表 4-13）自动显示图纸状态，显示不同的字母代表不同的含义，适时的告诉您，图纸发生了哪些变化。

图纸列表自动显示   表 4-13

序　号	标　记	解　　释
1	P	图纸未更新
2	N	实际图纸更新，但相同部件的编号已经 改变
3	n	原图上的部件被删除

序 号	标 记	解 释
4	X	所有与图纸相关的部件已经被删除
5	L	图纸被锁定
6	F	图纸被冻结
7	D	连接的图纸已经被修改
8	*	图纸在下列四种情况下获得 * 标记： －复制的图纸已经被修改； －图纸已经被复制； －冻结的图纸被更新； －有 n－标记的图纸（见序号 3）被更新，其他与图纸相关联的部件在模型中
9	I	图纸已经发行。用于选定图纸的发行标 记凸起，这些图纸已经被送到工厂
10	M	已经发行的图纸已被编辑或改变

6. 图纸属性

（1）公共图纸属性

①名称。图纸名称显示在图纸对话框中的图纸列表和图纸模板中。

②标题 。图纸标题是用户可定义的。Tekla Structures 软件在图纸模板和报告的图纸标题中使用该文本。您还可定义至多 3 个在图纸模板中使用的附加标题。

③保护。您可以保护图纸中的区域，防止文本或尺寸放置于该区域（图 4-213）。

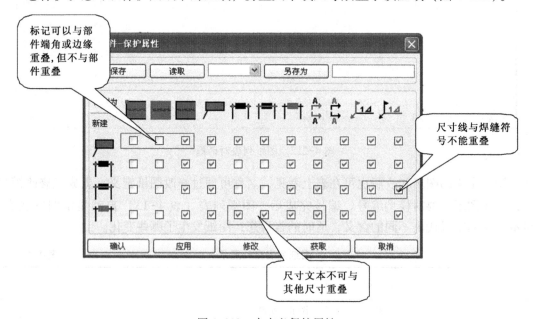

图 4-213　自定义保护属性

绘制为：该列定义要保护的区域，如图 4-214 所示。

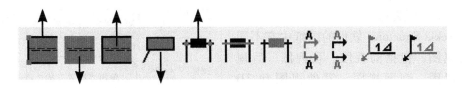

图 4-214 定义保护区域

新建：该行定义 Tekla Structures 不能在保护区域内放置哪些对象或对象组件（图 4-215）。

用户定义属性是用于在图纸中添加信息的文本字段。您可在图纸中使用现有用户定义属性，或创建您自己的属性，为图纸、工程、零件、构件等输入用户定义的注释（图 4-216）。

要修改图纸的用户定义属性，请在图纸属性对话框中单击"用户定义属性"按钮。

使用参数选项卡中的用户区域 1 到用户区域 8 来输入图纸特定的信息。

（2）图纸视图属性

在创建图纸前就需要设置图纸属性，在"图纸属性"对话框的"视图"对话框中编辑修改图纸属性。一种视图类型的所有视图具有相同属性。

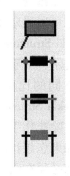

图 4-215　定义不能在保护区域设置的对象或组件

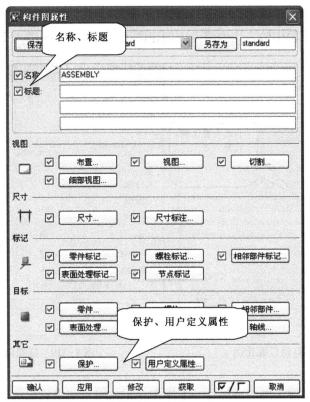

图 4-216　使用用户定义属性创建自己的属性

①图纸视图类型。

在 Tekla Structures 软件的图纸中有不同类型的视图，包括前视图、顶视图、后视图、底视图、剖面视图、零件视图和 3D 视图。

②图纸视图比例。

您可以设定图纸视图的精确比例，或者让 Tekla Structures 设置一个合适的比例。

提示：对于主视图和剖面视图，您可以定义不同的比例。对于图纸中的所有主视图，Tekla Structures 软件都自动使用相同的比例，除非您手动精确调整单个视图比例。

如果您想让图纸视图使用一个精确的比例，您必须在图纸属性中定义比例，并且在定义布置时关闭自动设置比例。

第一种：使用精确比例。请执行以下操作：①关闭自动设置比例。单击视图属性对话框中"布置"→"比例"→"自动比例"→"否"按钮。②在"视图属性"对话框中单击"视图"按钮，弹出"视图属性"对话框。③在比例字段中输入比例值。④创建图纸（图 4-217~图 4-219）。

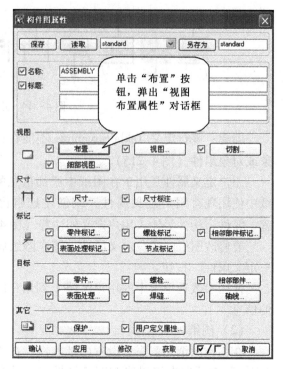

图 4-217　视图属性"布置"按钮

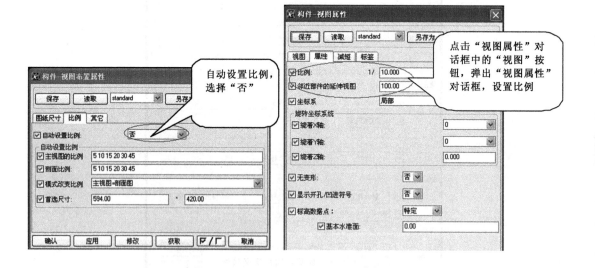

图 4-218　自动设置比例　　　　　　图 4-219　视图属性对话框

第二种：自动设置比例。请执行一下操作：①关闭自动设置比例。单击视图属性对话框中"布置"→"比例"→"自动比例"→"是"按钮。②创建图纸。

（3）剖面视图属性

① 创建剖面视图。

方法一：图纸属性中，截面视图设置为打开。请执行以下操作：单击图纸视图对话框中的"视图"按钮，弹出"视图"对话框。Tekla Structures 会在创建图纸过程中自动分辨和产生剖面视图（图4-220）。

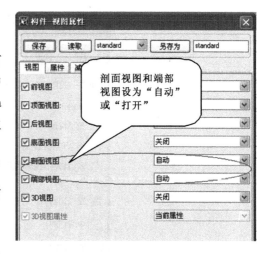

图4-220　剖面视图创建

方法二：在图纸编辑器中，单击"创建"→"切割"按钮或是单击" ⊞ "图标，然后按照屏幕左下角状态栏提示进行操作。

第一步：选取剖切平面的第一个点。

第二步：选取剖切平面的第二个点，此后光标变为一个剖切符号。

第三步：选取剖切框的角。

第四步：选取剖切框的对角。

提示：剖切的方向取决于选取次序。

② 剖面视图方向。

您可以分别定义左、中、右截面视图的方向。截面视图符号点中的箭头显示截面视图的方向，如图4-221所示。

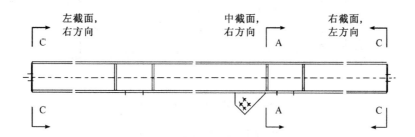

图4-221　剖面视图方向显示

设置剖面视图方向请执行以下操作：单击图纸属性对话框中的"切割"按钮，弹出"构件—切割视图属性"对话框，设置"方向"即可，如图4-222所示。

③ 剖面视图标签和符号。

除了剖面符号可以自动生成外，也可以在图纸编辑器中点击"创建"→"切割符号"按钮，单独创建切割符号。您可以分别定义截面视图标签和截面符号。

切割符号请在切割视图属性对话框（图4-223）中"切割符号"选项卡中设置。

（4）图纸中的螺栓和焊缝

① 图纸中的螺栓。

图纸中的螺栓属性请在图4-224视图属性对话框中，单击"螺栓"按钮，弹出"螺栓属性"对话框中设置。

图 4-222 切割视图属性（方向）对话框

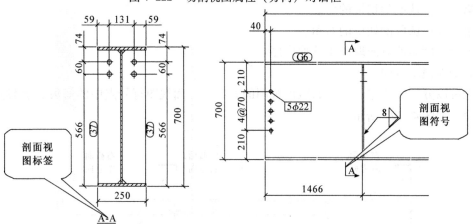

图 4-223 剖切视图标签及符号

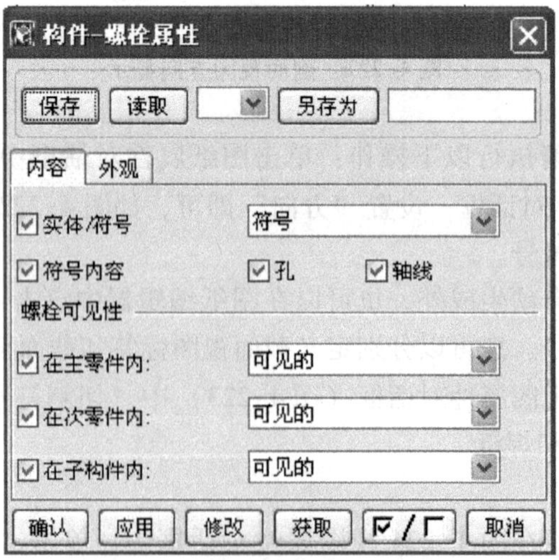

图 4-224 螺栓在图纸中设置

在图纸中有多种显示螺栓的方法。您可以从"实体/符号"列表框选择选项，或是双击图纸中的螺栓符号进行设置。如下面的例子所示（图 4-225、图 4-226）。

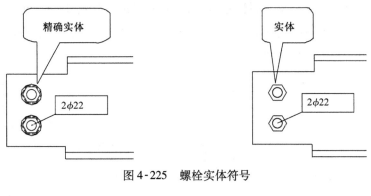

图 4-225　螺栓实体符号

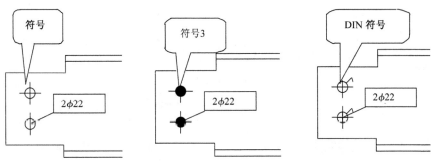

图 4-226　螺栓图示符号

②图纸中的焊缝。

单击构件图纸属性对话框中的"焊缝"按钮，弹出"构件焊缝属性"对话框（图 4-227）。可对其焊缝属性进行修改。

提示：在零件图纸属性对话框中没有焊缝按钮。

Tekla Structures 软件对图纸中的相同焊缝进行合并，使用相同的符号（图 4-228）。

图 4-227　焊缝修改对话框

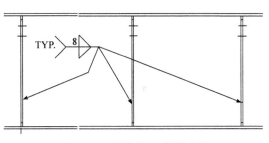

图 4-228　相同焊缝符号合并

（5）图纸中的标记

在图纸属性对话框中，有标记字段，包括零件标记、螺栓标记、表面处理标记、节点标记等。其通常用的标记类型，属性是基本相同的（图4-229、图4-230）。

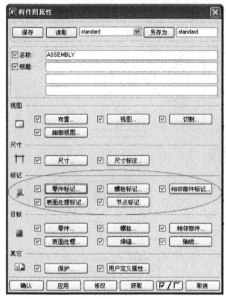 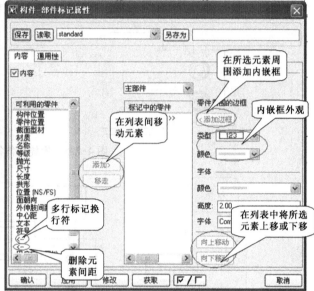

图4-229　图纸中部件标记　　　　　　　　　图4-230　部件标记修改

通过对标记属性对话框的通用性选项卡的设置，以确定在图纸中如何显示标记（图4-231）。

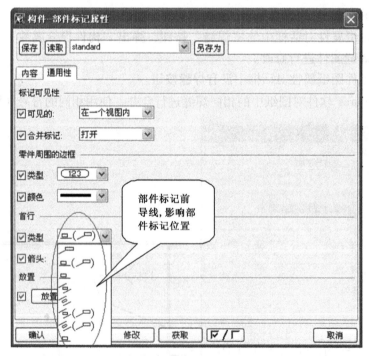

图4-231　选项卡设置显示标记

（6）图纸中的轴线

①选择图纸中的轴线。

选择工具栏中的选择轴线和选择单个轴线开关，使您可以选择图纸和视图中的轴线和单个轴线。

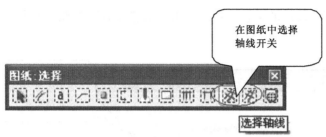

图 4-232　选择图纸中的轴线

②轴线在图纸中的属性。

在"轴线属性"对话框中修改轴线属性。单击"图纸属性"对话框中的"轴线"按钮，弹出"轴线属性"对话框。或是双击图纸中轴线，也可弹出"轴线属性"对话框（图 4-233）。

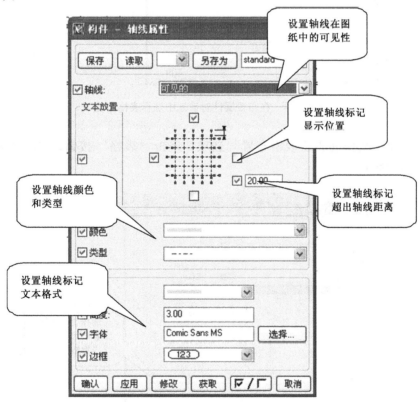

图 4-233　图纸中轴线属性对话框

7. 位置示意图

（1）图纸视图作为位置示意图

当您使用图纸视图作为位置示意图时，Tekla Structures 软件会自动包含正确的部件。向图纸布置中添加位置示意图，请执行以下操作：

第一步：在模型编辑器中，单击"属性"→"布置"按钮，弹出"布置"属性对话框。

第二步：选择要修改的布置选项。单击"表格布置"按钮，弹出"表格布置"对话框（图4-234）。

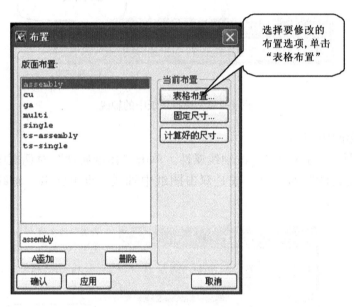

图4-234　在布置属性对话框中选择表格布置

第三步：选择要修改的"表格布置"选项。单击"表格"按钮，弹出"表格布置"对话框（图4-235）。

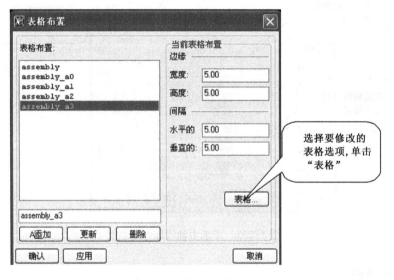

图4-235　表格对话框显示

第四步：从可利用的表格列表中，双击位置示意图选项"Keyplan"，出现图纸列表
（图4-236、图4-237）。

图4-236　图纸列表对话框

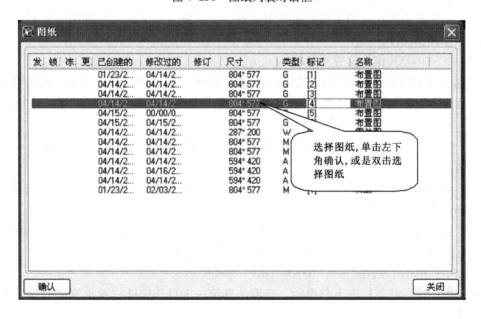

图4-237　选择图纸对话框

第五步：选择位置示意图图纸并单击"确认"，或双击选择的位置示意图图纸。将自动转到已选择的表格列表中（图4-238）。

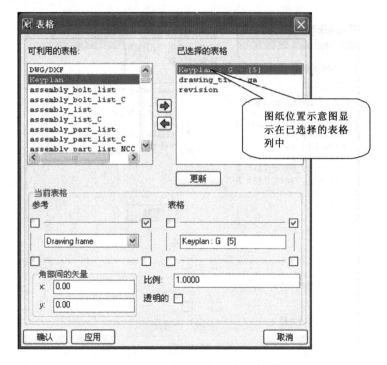

图4-238 图纸位置示意图显示在表格中

第六步：从已选择的表格列表中，选择位置示意图并设置位置示意图的位置。

第七步：单击"更新"按钮，确认后退出。

提示：在表格对话框中不能缩放位置示意图。位置示意图的图纸视图属性定义了位置示意图的比例和尺寸。

（2）DWG/DXF作为位置示意图

您也可以在位置示意图图纸中包含DWG或DXF文件。使用该方法意味着您也可以在位置示意图中包含其他Tekla Structures图纸对象。要创建位置示意图图纸，请执行以下操作：

第一步：在模型编辑器中，单击"图纸"→"整体布置"按钮，弹出如图4-239所示对话框。

第二步：在选项列表框中，选择空图纸；打开图纸复选框；单击"创建"按钮，Tekla Structures将进入图纸编辑器，打开空图纸。

第三步：单击"属性"按钮→DWG/DXF按钮，然后点击"浏览"按钮，找到要用作位置示意图的DWG/DXF文件，单击"应用"或"确定"（图4-240）。

第四步：单击"创建"→"DWG/DXF"按钮。

第五步：按照状态栏左下角提示，选取角部第一个点。选择位置示意图放置位置的左上角位置。

第六步：Tekla Structures完成在图纸中加载DWG/DXF图形的过程。

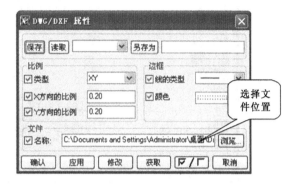

图 4-239　创建整体布置图对话框　　　　　　　图 4-240　选择文件位置

第七步：添加所需的文本、线或其他图纸对象等必要说明。

第八步：单击"文件"→"保存"，即可保存图纸。

提示：如果位置示意图图纸中已经包含了一个 DWG/DXF 对象，不要在其中创建视图。

4.7.7　修改和编辑图纸

Tekla Structures 软件自动出图后，需要人工再进行适当的修改和修饰，以更加符合不同情况下的需求。

打开一张需要修改图纸（该图纸各属性已达到要求）的同时，修改顺序也已经有了您独有的计划。比如：①适当的剖面视图的建立；②构件、零件标记的标注及位置摆放；③尺寸标注的修改，先横向尺寸后纵向尺寸，先构件视图尺寸后剖面视图及零件视图尺寸；④各视图位置的摆放到合适的位置；⑤焊缝的标注；⑥图纸说明的书写；⑦图号的填写。或是还有其他内容需要修改。

总之，为了保证修改图纸不丢项落项，最好有一套属于您自己的修改顺序。

下面就几项内容作简要介绍：

1. 图纸背景颜色

单击"工具"→"高级选项"按钮，弹出"高级选项"对话框。找到"图形视图"选项（图 4-241）。

改动后，需要重新启动 Tekla Structures 才可生效。

2. 克隆图纸

在 Tekla Structures 软件中有克隆图纸的功能。主要在构件图纸基本一样，只有个别小地方（比如加劲板位置不同等）不一致的构件间利用，以减少修改图纸的工作量。

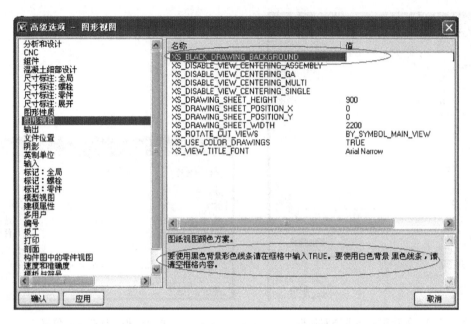

图 4-241　高级选项图形视图对话框

比如：图 4-242 所示 1 号梁和 3 号梁。

克隆图纸顺序为：①运行编号后，出 1 号梁图纸；②修改 1 号梁图纸，并关闭；③在模型中选择 3 号梁；④在图纸列表中单击"复制"按钮；⑤按照软件弹出对话框提示选择 1 号梁图纸；⑥单击"复制选择的图纸"按钮。即可完成克隆过程。

图纸列表中会提示被克隆（图 4-243）。

3. 复制图纸视图

在 Tekla Structures 中有复制图纸视图的功能。主要在一张图纸不足以放得下所有视图时利用。

复制图纸视图顺序为：①打开需要放置第二部分视图的图纸；②选择该张图纸；③右击鼠标，弹出右键菜单，如图 4-244 所示；④选择并单击"复制图纸视图"按钮，即可完成复制过程。

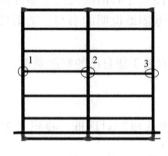

图 4-242　1 号及 3 号梁图纸修改

图 4-243　图纸被克隆显示

图 4-244　复制图纸视图对话框

建议：利用连接图纸视图来复制，以保证您复制的图纸视图可以间接的链接到模型。

另外，带布置复制图纸视图及用布置连接图纸视图，都是可以达到复制图纸视图的目的。但是它们是把您要复制的图纸的图框等布置一起复制到了新图纸中。同样用布置连接图纸视图可以保证您复制的图纸视图间接与模型链接。

4.7.8 整理图纸目录、报告

完成模型的建立及图纸的修改后，需要对图纸进行登记造册，即整理图纸目录、构件清单、零件清单等才算完成模型的深化设计过程。

在 Tekla Structures 软件中，可以利用"报告"出具电子版目录及各种清单，以免去人工编辑的过程。

例如：整理目录。

①打开图纸列表，选择需要整理目录的图纸（按住 Shift 键或 Ctrl 键以选择多个对象）；

②单击"文件"→"报告"按钮，弹出"报告"对话框（图 4-245）；

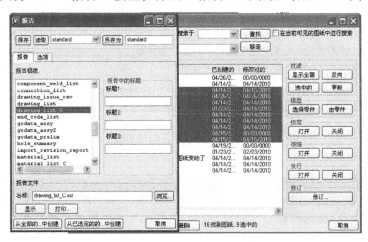

图 4-245　报告对话框

③选择 drawing_ list_ C 选项；

④单击"从已选定的图纸中创建"按钮，弹出"清单"对话框（图 4-246）；

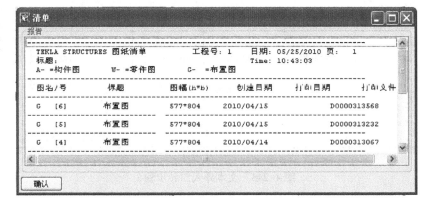

图 4-246　清单对话框

⑤在模型文件夹下，Reports 文件夹中出现"drawing_ list_ C. xsr"文件；

⑥启动 Excel 程序，打开"drawing_ list_ C. xsr"文件；

⑦按照向导及利用对 Excel 文件的操作完成目录的整理（图 4-247、图 4-248）。

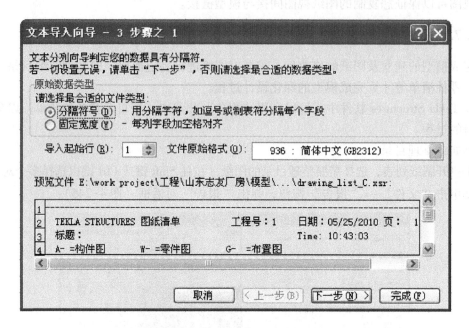

图 4-247　文本导入向导步骤 1

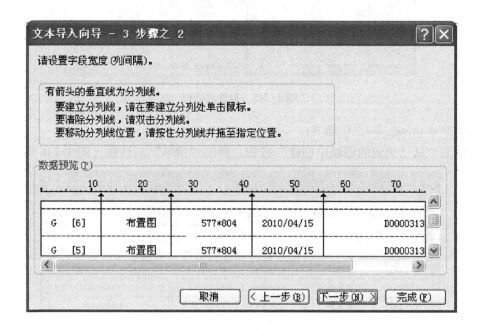

图 4-248　文本导入向导步骤 2

提示：选择利用固定宽度选项，点取"下一步"按钮；点取列位置。

4.8 深化设计能力提高

4.8.1 自动保存文件位置

如果没有特别设置的话，Tekla Structures 软件将自动保存文件到当前模型文件夹中。

提示：可以通过设置环境变量，更改自动保存文件的保存路径。

通过设置"C：\ Tekla Structures \ 13.0 \ bat \ environment"文件夹下的 . bat 文件中的环境变量，实现改变自动保存文件的保存路径（图 4-249）。

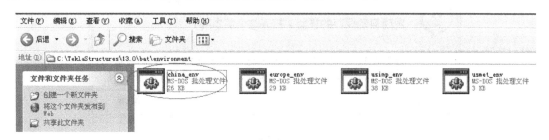

图 4-249 自动保存文件设置

注意：本书中有介绍改变环境变量的提高内容，都是以改变我国环境下的环境变量为例介绍。

选中"china_ env"文件；右击文件"选择"，"编辑"，便以记事本格式打开该文件了；然后搜索"XS_ AUTOSAVE_ DIRECTORY"。

通过改变该变量，使 Tekla Structures 软件将自动保存文件存储到一个特定的文件夹中。Tekla Structures 软件将自动创建该文件夹，您将会在自动保存文件夹下与模型同名的子文件夹中找到自动保存文件（图 4-250）。

```
set XS_TEMPLATE_DIRECTORY=%XS_DIR%\environments\%2\template\
rem      Additional directory for templates
rem set XS_SNAPSHOT_DIRECTORY=%XS_RUNPATH%\snapshots\
set XS_AUTOSAVE_DIRECTORY=%XS_RUNPATH%\autosave\
set XS_KEEP_AUTOSAVE_FILES_ON_EXIT_WHEN_NOT_SAVING=TRUE
set XS_USE_FILE_COMPRESSION=TRUE
set XS_REPORT_OUTPUT_DIRECTORY=.\Reports
```

图 4-250 自动保存文件存储到特定文件夹中

【例题1】多用户模式下，希望随时可以利用自动保存文件恢复最新模型副本。请问可以通过什么方式实现？

答：方式1：其他用户操作的同时，主模型也有人一直在操作。

方式2：每次其他用户保存完成，主模型也保存更新后，稍等再关闭模型服务器，等待主模型自动保存过了，再关闭主模型及服务器。

方式3：通过改变环境变量"XS_ AUTOSAVE_ DIRECTORY"的保存路径。利用服务器所在路径代替'autosave'路径。

【例题2】什么情况下，我们会遇到利用自动保存文件恢复模型副本？

答：情况1：我们操作失误，但是已经不能利用'撤销'命令返回时，可以利用上次备份模型中的自动保存文件。不过这种方式不免会有模型重复操作的可能。

情况2：如果模型不是正常退出。

在打开一个模型时，Tekla Structures 软件将自动检查先前的会话是否正常退出。如果没有，Tekla Structures 软件将提示您是继续使用自动保存模型还是原始模型（图4-251）。

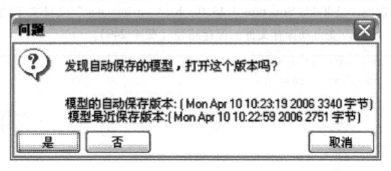

图4-251　问题提示对话框

情况3：模型内存读取出错。

当 Tekla Structures 发出警告信息致命错误：模型内存读取错误时，这就意味着硬件问题已损坏模型数据库，您的硬盘可能损坏。可以使用自动保存或系统备份文件来恢复模型。

4.8.2　模板编辑器

随着软件的不断更新和升级，模板编辑器也在不断地升级和改进，很大程度上方便了使用者。下面我们以模板编辑器3.3版本为例来介绍模板编辑器的初步使用和编辑。

1. 模板简介

（1）什么是模板

在 Tekla Structure 软件中，模板具有多种不同的用途，例如，在深化设计模块中，用于输出构造装配件中所用部件的列表。根据内容的不同，模板可分为图形模板和文本模板。

下文提到的 TplEd 是用于在 Tekla 产品中创建、编辑和管理模板定义的工具。

①图形模板。

图形模板一般用于显示地图图例和标签，或显示工程和公司信息。

图形模板中除文本之外，还包含图形，如表格边线、图片或符号；并且可以使用不同字体类型和设置。

图形模板定义文件的扩展名为 .tpl。

②文本模板。

文本模板仅包含文本，主要用于创建报告或为特定对象的列表。如，Tekla Structures 软件中的钢结构装配件材料列表。

文本可以用类似于报纸栏的形式输出。虽然 TplEd 允许您使用不同的字体类型和设置，但这些类型和设置不会出现在输出的文本模板中。

文本模板定义文件的扩展名为 .rpt。

提示：如果您希望使用指定的字体类型，则必须使用图形模板。

（2）模板组件和对象

模板布置是用模板组件设计的，模板对象被放置于模板组件内，以便添加图形或文本数据。模板的属性和模板本身决定了模板的最终外观。

①模板组件。

模板组件有 5 种不同的类型，如表 4-14、图 4-252 所示。模板可由这五种不同的组件类型组成，但构建一个模板并不是必须使用所有组件。

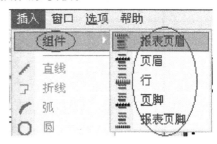

图 4-252　模板组件类型

模板组件类型 表 4-14

序　号	模板组件	说　明
1	报表页眉	报表页眉在每个报表开头处只出现一次。每个报表只能有一个报表页眉。报表页眉不能含有零件/构件/螺栓/焊缝的信息
2	页　眉	页眉出现在模板页的开头部分。您可以定义偶数页/或奇数页的页眉
3	行	模板可以包含多个行。行定义了模板中列出的内容，通常每行代表来自 Tekla 产品数据库的一个对象。行中包含的字段对象定义了要从数据库中收集的属性
4	页　脚	页脚输出到模板页的结束部分。您可以定义偶数页和/或奇数页的页脚
5	报表页脚	出现在模板的结束部分

②模板对象。

模板类型决定了可出现在模板组件内的对象类型。图形仅可在图形模板中使用。

可用的模板对象类型见表 4-15。

（3）模板编辑器界面

当您启动 Tekla Structures 的模板编辑器时，出现如图 4-253 所示的工作窗口。

模板对象类型 表 4-15

序号	对象类型	说　明
1	图纸对象	图纸对象为基本的几何形状，如线、矩形和圆
2	文本对象	文本对象显示静态文本，如标题或标题行文本
3	符　号	您可以插入 Tekla 产品符号库中的符号
4	位图图片	您可以插入光栅格式文件中的图片
5	导入的文件	您可以导入 AutoCAD 和 MicroStation 文件
6	字段对象	字段中包含从 Tekla 产品中收集的文本或图形数据

图 4-253　模板编辑器界面窗口

2. 使用模板

（1）创建模板文件

①打开模板编辑器：

方法一：开始菜单→ 所有程序→Tekla Structures→ 工具→模板编辑器，如图 4-254 所示，可以打开模板编辑器。

方法二：在模型编辑器或图纸编辑器中，单击"工具"→"模板"按钮即可打开。

图 4-254　打开模板编辑器

系统模板文件存放于：C（安装盘）：\ TeklaStructures \ 13.0（版本）\ environments \ china（国家）\ template。

②新建模板编辑器。

在模板编辑器中，单击"文件"→"新建"按钮或是单击新建" 　 "图标，弹出如下对话框供您选择模板类型。

③选择模板类型。

若要使用图形或特定字体设置，例如，特定字体和垂直表格边线，需要选择使用图形模板。若仅使用文本数据而不需要字体效果，请选择使用文本模板（图4-255）。

④单击"确定"按钮。

单击"确定"按钮，模板编辑器的工作区中将打开一个空模板，您使用此模板工作完成设置后保存，便成功创建了一个模板文件。

图4-255　模板类型对话框

（2）打开现有的模板文件

①在模板编辑器中，单击"文件"→"打开"按钮或是单击打开"　"图标，弹出"读取文件"对话框。如图4-256所示。

图4-256　读取文件对话框

②选择模板文件。在"读取文件"对话框中，浏览选择您要打开的模板文件。

③单击"OK"按钮，确定打开。

提示：如果所选择的模板是使用早期版本的 TplEd 保存的，TplEd 会提示您将所选择的模板转换为新的格式（图4-257）。

注意：如果您只需对模板做少量更改，并用旧版本 TplEd 编辑模板，请单击保留。若您单击转换，可以在新版本 TplEd 中打开文件，TplEd 会将文件转换为新格式，但在文件可以使用之前，您需要先进行手动修改。

将文件或文件夹中的模板转换为新的格式时，Tekla Structures 软件会输出原始文件的备份文件。备份文件在文件类型扩展名之前插入"_ old"文本（例如 assembly_ bolt_ list_

图 4-257　模板新旧版本格式提示

C. tpl 变成 assembly_ bolt_ list_ C _ old. tpl），并保存在与原始文件相同的文件夹中。

（3）使用多个模板文件。

模板编辑器 3.3 版本一次可以打开多个模板文件。每个模板分别以各自的窗口在"工作区"中显示，并且作为文件夹显示在"内容浏览器"中。

提示：当多个模板打开时，您可以从一个模板中剪切或复制模板对象，并方便地将其粘贴到另一模板中。

（4）关闭模板文件

①选择要关闭的模板文件。

②单击"文件"→"关闭"按钮，或单击文件右上角"▣"按钮。

提示：若需要关闭所有模板文件，请单击"文件"→"关闭全部"按钮，或单击模板编辑器右上角"▣"按钮。

如果在要关闭的任何文件中有未保存的更改，TplEd 会询问您是否要在关闭前保存它们。

注意：单击"是"按钮，保存并关闭；单击"否"按钮，关闭但不保存；单击"取消"按钮，中断关闭操作。

（5）保存模板文件

①选择要保存的模板文件。

②单击"文件"→"保存"按钮，或单击保存图标"▣"。

提示：要保存所有被打开的模板文件，请单击"文件"→"保存全部"按钮。

对于首次保存的每个文件，TplEd 都会打开文件选择对话框，要求您命名模板文件。

（6）使用不同的名称和位置，保存模板文件

要首次保存模板或使用不同的名称或不同的位置保存模板请执行以下操作：

①选择要保存的模板。

②单击"文件"→"另存为"按钮。

Tekla Structures 软件将弹出标准的文件选择对话框，您可在其中指定名称、保存位置和文件后缀。TplEd 会自动为文件名添加选定的后缀。

③单击"确定"按钮。

此时，若想中断保存操作，请单击"取消"按钮。

提示：原始文件将关闭且不做任何改动，您可继续使用刚保存过的文件。

（7）编辑模板属性

①打开模板属性对话框。

要编辑模板的页面尺寸、边距和列的使用，需要打开模板属性对话框。

方法一：双击模板窗口中的空白区域；

方法二：选择该模板，然后选择"文件"→"模板"→"页"；

方法三：右键单击该模板，从右键菜单中选择"属性"。

弹出"模板页属性"对话框，如图 4-258 所示。

图 4-258　模板页属性对话框

提示：图形模板使用公制或英制单位；文本模板使用字符单位（始终为整数）。

②编辑页面和边距设置。

图形和文本模板均需要页面和边距设置。要编辑选定模板的页面和边距，请执行以下操作：

第一步：打开模板属性对话框。

第二步：在"模板页属性"对话框的页和页边区域编辑如图 4-259 所示字段。

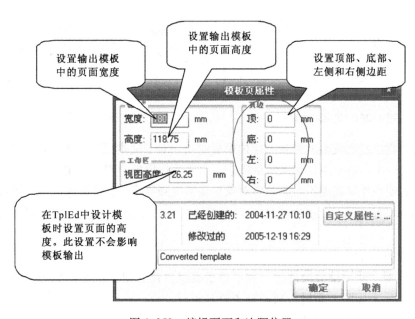

图 4-259　编辑页面和边距位置

第三步：单击"确定"按钮。

注意：如果模板部件不能放入由页面和边距设置所定义的区域内，TplEd 将显示一则警告信息，您必须更改设置。单击"取消"按钮可使用以前的设置。

提示：页面尺寸在工作区中显示为矩形区域。线不会在最终模板中输出，所以可以任意更改线的颜色。

③查看和添加信息。

模板信息设置显示了文件格式版本和所选模板的创建和修改时间。

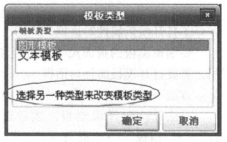

④更改模板类型。

第一步：单击"文件"→"模板"→"类型"按钮。弹出如图4-260所示模板类型对话框。

第二步：选择类型。

图4-260　模板类型对话框

第三步：单击"确定"按钮，弹出如图4-261所示对话框。

点击"是"按钮，模板类型被修改。

第四步：单击"文件"→"另存为"按钮，弹出保存对话框，命名并以正确的后缀保存文件（图4-262）。

关闭文件时，如果模板对象中存在重叠，则会出现如图4-262所示对话框。例如：如果将图形模板转变为文本模板，则只有文本和值字段对象会保留下来，所有图形对象将被删除。

您保存模板时需重新放置重叠对象。如果没有重新放置，这些对象将被删除。建议在执行模板上的任何工作之前，先重新放置所有重叠对象。

⑤设置网格尺寸。

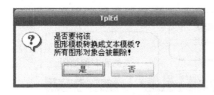

图4-261　TplEd对话框

图4-262　保存模板对话框

栅格可帮助您绘制规范的形状和定位模板对象。对于文本模板，工作区中的栅格点之间的距离固定为一个字符单位，您无法编辑它。对于图形模板，则可以更改栅格的尺寸以满足您的需要。若要在绘制或编辑对象时将对象自动捕捉到栅格点，请确保栅格处于可见状态。

打开图形模板文件，单击"选项"→"网格"→"密度"按钮，设置网格尺寸（图4-263）。

3. 使用模板组件

在建立模板，使用模板组件时，并不是所有组件都必须出现在模板中。例如，图纸标签通常只包含一个标题，而材料列表则主要基于行。

（1）使用报表页眉和报表页脚。

一个模板只能有一个报表页眉组件和一个报表页脚组件。要在模板中使用报表页眉组件和报表页脚组件请执行以下操作：

①插入组件。

单击"插入"→"组件"按钮，选择"报表页眉"或"报表页脚"，即插入成功，在工作区域出现组件位置。

②设置 TplEd 名称以及报表页眉或报表页脚高度。

双击组件外框，出现相应组件属性对话框。如图4-264所示为"报表页眉属性"对话框。

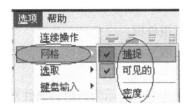

图4-263　设置网格尺寸　　　　　　　图4-264　报表页眉属性对话框

③在组件框内插入模板对象。

单击"插入"按钮，选择要插入到组件框内的模板对象。如图4-265所示。

（2）使用页眉和页脚。

（3）如果要在奇偶页上输出不同的报表页眉或报表页脚，您可以在模板中使用页眉和页脚。在模板中使用页眉或页脚的操作步骤与使用报表页眉和报表页脚基本一致。

提示：TplEd 将页眉添加在报表页眉之下，如果您的模板没有报表页眉，则添加在模板页的顶部。页脚出现在报表页脚上方，如果没有报表页脚，则出现在模板页的底部。

（4）使用行：

一个模板可以包含若干个行组件。行组件是生成 Tekla 产品数据库对象列表的模板中最为有用的组件。

①插入行组件。

单击"插入"→"组件"→"行"按钮，弹出如图4-266所示对话框。

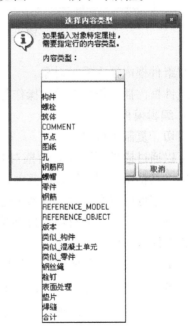

图4-265　在组件框内插入模板对象　　　　图4-266　选择行组件对话框

可以选择行的内容类型，从列表中选择并选择确认。如果要插入特定于对象的属性，则应该定义行的内容类型。例如，做构件材料表时，可设置行为"构件"类型。

也可以插入行而不选择内容类型，只需单击"确认"按钮。

TplEd 在紧邻模板的报表页眉或页眉组件的下方添加新行，如果没有报表页眉或页眉组件，则在模板页的顶部添加。

选择确认，插入行组件成功后，工作区域出现行组件框。

提示：在一个模板文件中，您可以插入多个不同内容类型的行组件。

②设置 TplEd 名称以及行的高度和输出属性。

双击组件外框，出现相应组件属性对话框。如图 4-267 所示为行组件属性对话框。

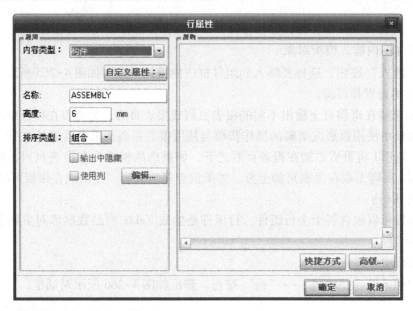

图 4-267　行组件属性对话框

③在组件框内插入模板对象。

在组件框内插入模板对象的操作与使用报表页眉和报表页脚一致。

（5）编辑模板组件：

①剪切、复制模板组件。

您可以通过模板页属性对话框对其属性进行修改，并且您还可以剪切或复制模板组件，然后将其粘贴到同一模板的其他位置或另一个已打开的模板中。

提示：您也可以在内容浏览器中拖动模板组件，实现模板组件在不同的模板中移动或复制。但是，TplEd 不允许将组件项从图形模板中拖动到文本模板中。

②删除模板组件：

第一步：选择要删除的模板组件项。

第二步：按删除图标"✖"，或单击"编辑"→"删除"按钮。

如果删除了不想删除的项，请在删除后立即选择"编辑"→"撤销"或"Ctrl + Z"以恢复该项。

③修剪和更改模板组件。

修剪模板组件，用于从模板组件周围修剪不需要的空间。修剪完成后一旦保存模板，则修剪操作无法撤销，修剪结果会出现在最终输出模板中。

④更改组件类型。

您可以更改模板组件的类型，而不会丢失其中包含的任何信息（图4-268）。

第一步：选择要更改的组件。

第二步：单击菜单栏"编辑"→"修改类型"按钮。此时会打开"选择组件类型"对话框，提示您从提供的选项中选择新的组件类型。

第三步：选择组件类型并单击"确定"。

TplEd会更改工作区和内容浏览器中的组件类型。您必须保存模板文件，以保留更改。

（6）编辑模板组件属性。

①打开组件属性对话框：

方法一：双击工作区中的该组件；

方法二：选中该组件，单击菜单栏"编辑"→"属性"按钮；

方法三：选中该组件，然后从右键菜单中选择"属性"对话框。

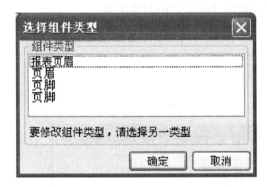

图4-268　选择组件类型对话框　　　　　图4-269　页眉属性对话框

②编辑名称。

在图4-269"页眉属性"对话框中的"名称"字段中，键入一个唯一的识别名称。该名称不会在输出过程中显示，但会在内容浏览器中显示。

③编辑高度。

要编辑组件的高度，您可以通过拖动尺寸调整控柄来调整Workarea中的组件的尺寸。或在"高度"字段中，设置图形单元中的组件的高度，单击"确定"。

组件的宽度为模板页宽度与侧边缘宽度之差。宽度或行组件还受到模板的列的影响。

④编辑组件输出规则。

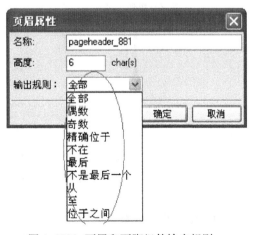

图4-270　页眉和页脚组件输出规则

组件输出规则因组件而异：

第一：对于页眉和页脚组件，输出规则如图4-270所示。

设置页眉和页脚输出规则时，请按照表4-16所示选择您需要的输出规则。

输 出 规 则 表4-16

序号	输出规则内容	说　明	序号	输出规则内容	说　明
1	全部	在每一页上打印组件	6	最后	在最后一页上打印组件
2	偶数	在偶数页上打印组件	7	不是最后一个	不在最后一页上打印组件
3	奇数	在奇数页上打印组件	8	从	从您指定的页开始打印组件
4	精确位于	仅在您指定的页上打印组件	9	至	组件只打印到您指定的页为止
5	不在	不在指定的页上打印组件	10	位于之间	在您指定的页数之间打印组件

第二：对于行组件，您可以编辑内容类型、排序类型、可见性、列的使用以及行规则（图4-271）。

编辑行的内容类型请执行以下操作：①选择要编辑的行；②打开"行属性"对话框；③从"内容类型"选项菜单中，选择要用此行处理的 Tekla 产品对象类型。

如果要处理多种对象类型，请不要指定"内容类型"，而应使用行规则来指定多种内容类型。

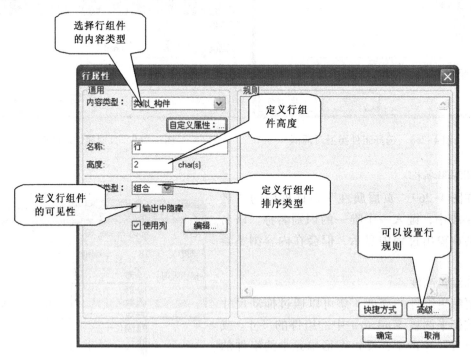

图4-271　使用行规则处理多种对象类型

4. 使用模板对象

下面介绍如何在组件内插入对象以及如何编辑对象属性。

（1）插入模板对象

要在模板组件中插入对象，请执行以下操作：

单击菜单栏"插入"按钮或对象工具条（如图 4-272 所示）中相应图标。

图 4-272　对象工具条

提示：文本模板只可利用文本和值字段对象。

您可以利用鼠标拖动功能，或利用对象本身控柄来指定或改变对象所在组件中的位置及对象尺寸和形状，例如图 4-273 中"直线"对象控柄的利用。当然，您可以通过编辑模型对象属性来改变其特征。

端角控柄用于更改端角点的坐标，凸度控柄用于更改线或弧的曲率。

注意，您必须使对象适合组件才能将其插入。

提示：如果双击对象工具栏中的"工具"按钮，您不需要重新选择此工具就可绘制多个对象。按 Esc 键或选择其他工具可以停止绘图。

如果在移动对象时按住"Shift"键，则会按照您选择的方向锁定水平或垂直方向上的移动。

如果选择了多个对象，利用控柄则只调整正在处理的对象的尺寸或形状。其他对象会被移动。

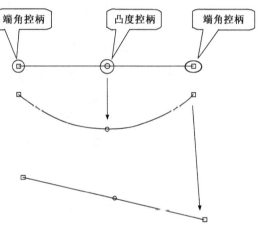

图 4-273　直线对象控柄的利用

（2）编辑模板对象

①剪切、复制或粘贴对象。

您可以将模板对象剪切或复制到 TplEd 剪切缓冲区中，然后将其粘贴到同一模板的其他位置或另一个已打开的模板中。

②删除对象。

首先选中要删除的对象，按"Delete"键或单击菜单栏"编辑"→"删除"按钮。

③对齐对象。

首先选择要对齐的对象，选择右键菜单"对齐"或单击菜单栏"编辑"→"对齐"按钮并选择要模型对象对齐的位置。

如果在拖动时按住"Shift"键，则对象将只在垂直或水平方向上移动（取决于在哪个方向上的偏移更大）。

④旋转对象：

首先，选择对象，以便可以看到尺寸调整控柄。

其次，按住"Ctrl"键并开始拖动控柄，移动鼠标以旋转对象。

最后，当对象到达最终所需的位置时释放鼠标按钮。

注意：旋转对象时，开始拖动处的控柄即是该对象的定位点。

⑤将对象捕捉到网格：

首先，单击菜单栏"选项"→"网格"→"可见的"按钮。

其次，选择要移动的对象。

最后，选择"编辑"→"对齐到网格"对话框。

这将更改选定对象的坐标和尺寸，以便对象能够放入最近的网格点之间。

（3）编辑模板对象属性

对象被添加到模板中时均有一个默认属性，您可以对默认属性进行编辑（图4-274）。

①打开属性对话框。

方法一：选中模型对象，选择右键菜单中"属性"对话框。

方法二：选中模型对象，点击菜单栏"编辑"→"属性"按钮。

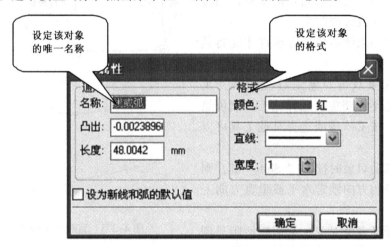

图4-274　设定对象属性

提示：在公式或规则中引用值字段时，会使用值字段的名称。

如果对象是文本的话，还会有字体样式、大小等格式的设置。

5. 例题

如图4-275所示为某公司图纸标签栏模板的绘制。

以一种适应Tekla Structures任何版本的方法介绍。

（1）首先在AutoCAD中操作，处理标签栏的dwg格式文件。

①炸开可能存在的块。

②确定标签栏原点位置，并将其移动到（0，0，0）点位置（图4-276）。

③将其文件保存为R12的dxf格式。

（2）其次在Tekla Structures中操作，将其与模型的信息链接。

①打开Tekla Structures模板编辑器

②单击"文件"→"新建"按钮或单击"🗋"图标。

某某公司		
图名		
工程名		
建模	日期	
工程编号	比例	A3
图号	版本	

图 4-275　某公司图纸标签栏

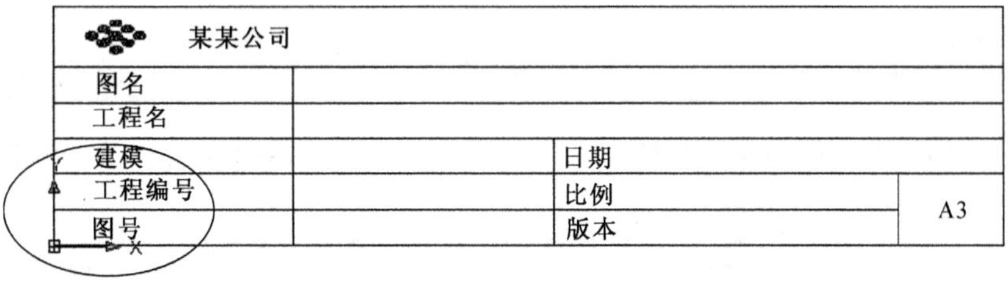

某某公司		
图名		
工程名		
建模	日期	
工程编号	比例	A3
图号	版本	

图 4-276　确定标签栏原点位置

③单击"插入"→"行"按钮。

双击页面空白处，弹出如图 4-277 所示"选择内容类型"对话框。并选择图纸类型。

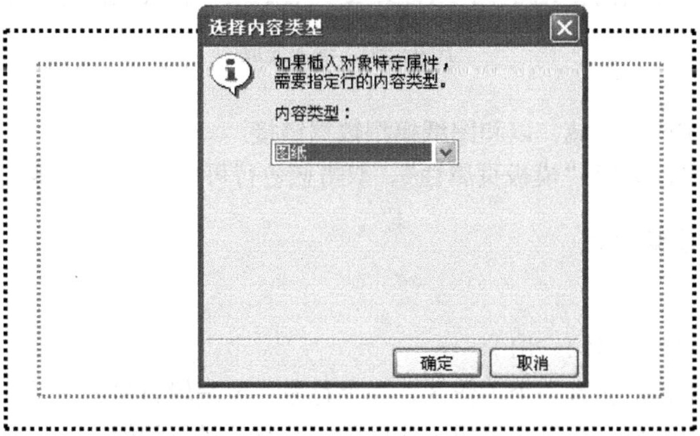

图 4-277　选择内容类型对话框

④单击"插入"→"文件"按钮。

弹出"输入文件"对话框，选择您要输入的 dxf 格式的文件（图 4-278）。

⑤选择文件，点击"OK"按钮。

⑥鼠标呈现十字光标，点取插入点。

⑦弹出"选择输入方式"对话框（图 4-279）。

⑧选择合适的要求，单击"确定"按钮。即可完成输入过程（图 4-280）。

图 4-278 输入文件对话框

图 4-279 输入方式对话框

某某公司		
图名		
工程名		
建模	日期	
工程编号	比例	A3
图号	版本	

图 4-280 输入完成

⑨插入数值域或图形域,以和图纸模型数据链接。

双击空白处可以编辑"模板页属性",双击蓝色行可以编辑"行属性"。

4.8.3 符号编辑器

1. 简介

(1) 编辑器界面(图4-281)

每一个符号格都对应有一个工作区,一个符号。要编辑符号,先找到符号所在的符号格,然后单击该符号格,在符号编辑工作区中对其符号进行编辑。

单击缩放图标,弹出缩放窗口,如图4-282所示。利用窗口中的缩放工具条实现缩放,利用滚动条浏览符号。

(2) 工具条

基元工具条(图4-283)。

2. 符号文件

系统符号文件为 SYM 格式文件,存放于:C(安装盘):\ TeklaStructures \ 13.0(版本)\ environments \ china(国家)\ symbols。

(1) 新建符号文件

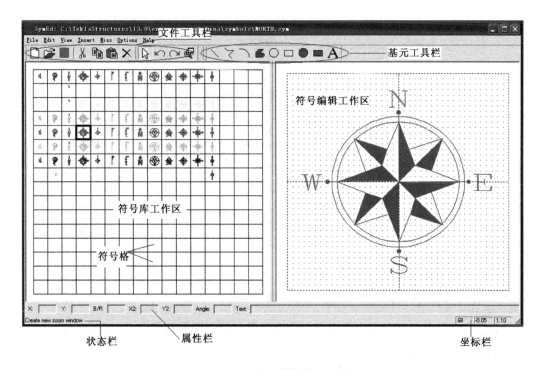

图 4-281 编辑器文件工具栏

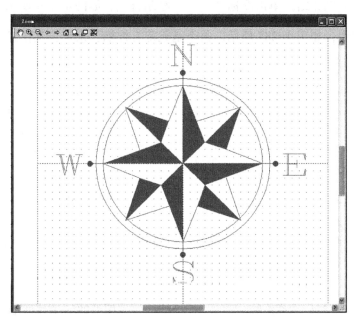

图 4-282 缩放窗口

点击"工具"→"符号"按钮,打开符号编辑器;点击"file"→"new"按钮。

(2)保存符号文件

在符号编辑器界面,点击"file"→"save"按钮。

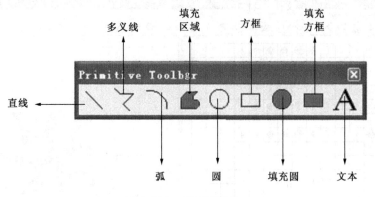

多义线　填充区域　方框　填充方框

直线

弧　圆　填充圆　文本

图 4-283　基元工具条

（3）打开已有符号文件

在符号编辑器界面，点击"file"→"open"按钮。

3. 编辑符号

符号都是由几个或多个单独基元组成。例如，直线、多义线、弧、圆及文本等。所以如何绘制单个基元很重要。

（1）绘制基元

以绘制直线为例介绍。单击图标"＼"绘制直线，如图 4-284 所示。

单击直线选中，如图 4-285 所示。每个基元都有控柄，来定位其位置。

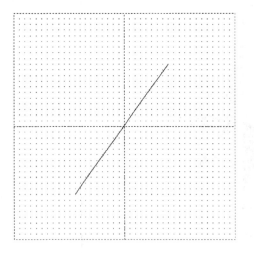

图 4-284　直线绘制

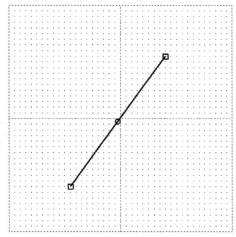

图 4-285　直线位置定位

拖动直线中点控柄，可改变直线位置及形状，如图 4-286 所示。

（2）填充区域与线之间转化

以填充圆改为线为例介绍。

①选择要转换为线基元的填充圆（图 4-287）。

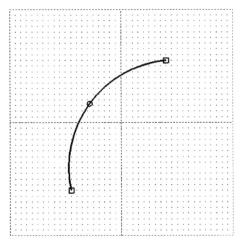

图4-286 改变直线位置和形状

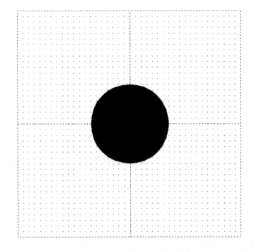

图4-287 将转换为线基元的填充圆

②单击菜单栏"Insert"→"Lines From Fill Area"按钮（图4-288）。

③改为图4-289所示的线圆。

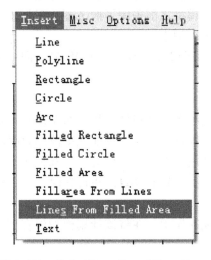

图4-288 单击"Insert"→"Lines From
Filled Area"

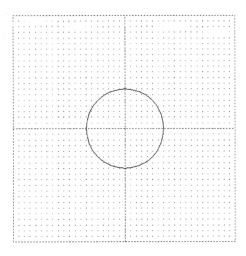

图4-289 线圆完成

从填充区域到线执行如下操作：①选择要转换为线基元的填充区域基元。②单击"Insert" > " Lines From Fill Area"按钮。

从线到填充区域执行如下操作：①选择要转换为填充区域的线基元。②单击"Insert" > "Fillarea From Lines"按钮。

提示：在符号编辑工作区中，应确保在蓝色虚线栅格内绘制符号。

基元定位在编辑工作区中蓝色虚线的中心，定位点是编辑工作区的中心。

4.8.4 多用户模式

Tekla Structures 软件有单用户和多用户两种模式。

在单用户模式下，每个模型每次只能由一个用户使用。但是当进行一个大型工程建模时，希望允许很多用户同时使用同一个模型，从而避免复制和合并模型的麻烦。

提示：用户一旦用单用户模式打开多用户模型时，一定要确保只有该用户一个人在使用模型。

1. 多用户模式简单介绍

在多用户模式下，允许多个用户在同一时间访问相同的模型。多个用户可以同时参与同一个工程模型，并且可以相互了解进度。

Tekla Structures 软件多用户模式只能在基于 TCP/IP 协议的网络中运行。它由以下几部分组成：一台运行 xs_ server. exe 的服务器计算机；存有主模型的文件服务器计算机（可以和服务器计算机为同一台）；运行 Tekla Structures 的客户计算机。

Tekla Structures 服务器主要执行以下任务：为新对象分配 ID 号；当有人保存模型或为模型编号时锁定该模型；标识客户计算机。

建议：在一个网络中只运行一个 Tekla Structures 服务器，并且应当尽量减少在运行 Tekla Structures 服务器的计算机上运行其他程序。确保服务器高效地处理对象 ID 号网络请求。

提示：在多用户模式下关闭服务器前，需要确保所有客户计算机的计划模型保存到主模型中。如果不小心在客户计算机没有保存计划模型之前关闭了服务器，只需重新启动服务器，然后让客户计算机重新保存计划模型到主模型中。

务必正确设置 TCP/IP 协议：同一网络中的每台 PC 具有唯一的 ID 号，同一网络中的每台 PC 具有唯一的子网掩码。

2. 多用户模式如何工作

多用户模型中包含一个服务器，一个主模型和多个客户计算机。每个用户都可以通过服务器访问这个主模型，并可以打开该模型的本地视图。这个本地视图被称为面模型。

主模型可以放置在网络中的任何位置，包括放置在任何一台客户计算机中。当从客户计算机上打开多用户模型时，Tekla Structures 复制一个主模型，并将它保存到本地客户计算机中，称为计划模型。

一个用户对其计划模型所做的更改只在本地起作用，在将该计划模型保存到主模型之前其他用户看不到这些更改。

3. 如何设置多用户

（1）设置一台计算机运行 Tekla Structures 服务器程序：xs_ server. exe。

图 4-290　设置计算机运行服务器程序

启动"xs_ server. exe"之前，确保任何用户没有启动 Tekla Structures。

（2）创建 xs_ server. exe 的快捷方式（图 4-291）

（3）设置客户计算机查找服务器（图 4-292）。

如图 4-292 所示，在程序菜单中选中 Tekla Structures 程序，选择右击菜单中"编辑"按钮，打开记事本格式文件（启动批处理文件）。在每台客户计算机的启动批文件中，设

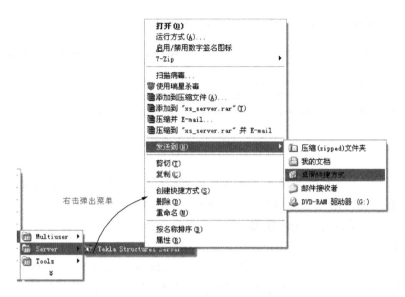

图4-291　创建快捷方式

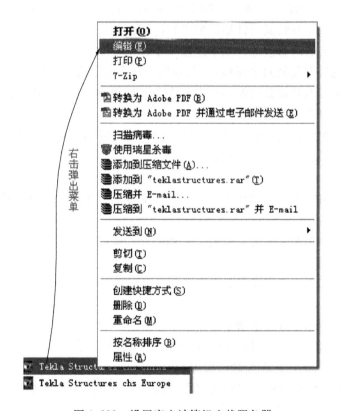

图4-292　设置客户计算机查找服务器

置环境变量 XS_ SERVER（图4-293）。

（4）启动 Tekla Structures 服务器程序。

（5）在客户计算机上启动多用户模式的 Tekla Structures。

```
set XS_RUNPATH=C:\TeklaStructuresModels\

if "%3"=="multi" set XS_SERVER=tcpip:myserver.domain.com,1238

set XSBIN=%XS_DIR%\nt\bin\
set XS_APPLICATIONS=%XSDATADIR%\applications\
set XS_INP=%XSDATADIR%\environments\country-independent\inp\
```

图 4-293　设置环境变量

（6）检查 xs_ server. ex 创建的 DOS 窗口，查看是否正常运行。它会显示所有的服务器活动（例如，哪个用户打开或保存了模型等）。

4. 多用户模式下保存和关闭模型

（1）保存模型。

即使在多个用户编辑同一个模型的情况下，Tekla Structures 仍然能够保持该模型的完整性。如果两个用户修改同一个对象，然后将它保存到主模型，那么主模型只包含最后将计划模型保存到主模型的用户所做的修改。

单击"文件"→"保存"命令，Tekla Structures 将执行以下操作：

①重新复制主模型并将其与计划模型进行比较；

②将计划模型所做的修改保存到本地模型中；

③将这个本地模型复制回主模型；（其他用户现在可以看到您的修改）

④重新复制主模型并将其再保存在本地作为计划模型。（现在您可以看到自己所作的和其他用户上传的修改）

提示：为了避免潜在的保存冲突，要求不同的用户使用不同的模型区域。

不要在多用户模型中输入模型转储。

（2）关闭模型。

每台客户计算机分别执行"保存""关闭"命令后，关闭主模型计算机，然后再关闭服务器计算机。

提示：关闭主模型所在的计算机前，必须确保其他用户都没有在使用计划模型。

5. 复制多用户模型

因为多用户模式下，为避免信息丢失永远不用"另存为"命令。那么怎么才能复制一个多用户模型呢？

（1）所有用户保存退出主模型；

（2）在单用户模式下启动 Tekla Structures，打开主模型；

（3）使用"另存为"命令复制该模型；

（4）退出 Tekla Structures，然后在多用户模式下重新打开并继续使用该模型。

6. 在多用户模式下操作注意事项

（1）在开始建模之前，为每个用户分配不同的模型区域。

（2）确保只有一个用户执行编号。要锁定主模型并允许在编号期间，其他用户可以继续工作，可以做如下操作（图 4-294）：

①单击"设置"→"编号"按钮；

图4-294　确保一个用户执行编号

②在"编号设置"对话框中，选择"与主模型同步"复选框；

③根据需要修改其他属性后单击"确认"按钮。

在运行编号之前和之后，Tekla Structures 将保存模型。

（3）修改图纸注意事项：

①注意不要多个用户在各自的计划模型中打开并保存同一张图纸；否则，Tekla Structures 将显示"检测到数据库写入冲突"的错误消息；

②为每一个用户指定编辑的图纸范围；

③定期将计划模型保存到主模型；

④为每个用户创建和分配空白的 GA 图纸。这样做可以避免用户使用相同的名字创建 GA 图纸，或是所有的更改互相覆盖。

（4）检查多用户数据库。为保持多用户模型的完整性，您需要删除多用户数据库中的所有不一致的内容，至少每天进行一次。

①确保其他用户全部退出多用户模型；

②单击"工具"→"校核数据库"、"校正数据库"按钮；

③保存并退出该模型。

（5）删除不需要的 .dg 文件：

为节省空间，您可以定期地将多余的 .dg 文件从模型文件夹中清除：

①确保其他用户全部退出多用户模型；

②在单用户模型打开该模型；

③保存并退出该模型。

提示：图纸对应的 .dg 文件被删除后，图纸会打不开。

4.8.5 多边形板控柄设置

默认情况下，多边形板和混凝土厚板的控柄是不可见的。要显示这些控柄，请到"C：\ TeklaStructures \ 13.0 \ bat \ environment"文件夹下的 .bat 文件中，将变量 XS_ DRAW_ CHAMFERS_ HANDLES 设置为 HANDLES。

4.8.6 快捷键

如果您经常使用某些命令，给它们分配键盘快捷键。您会发现比使用图标和菜单更为快捷。

1. 为命令分配快捷键

（1）点击"工具"→"自定义"……，打开"自定义"对话框。

（2）点击左边列表中的命令。

（3）使用过滤列表框轻松找到相应的命令。点击向下箭头，选择命令子组。将会显示 Tekla Structures 中可用的所有命令。您也可以键入命令名称来进行搜索。

（4）使用快捷键域来给命令分配快捷键。您可以使用单个字母，也可以将字母与 Shift、Alt 或 Ctrl 键组合使用。

（5）点击向右箭头将命令移到菜单列表。这将激活快捷键，并将命令添加到用户菜单。

（6）点击关闭，退出自定义对话框。

2. 快捷键菜单

部件表示法		属性	Alt + Enter
线框	Ctrl + 1	撤销	Ctrl + Z
阴影线框	Ctrl + 2	重复	Ctrl + Y
渲染（黑色）	Ctrl + 3	中断	Esc
渲染	Ctrl + 4	重复上一个命令	Enter
渲染（深色）	Ctrl + 5	复制	Ctrl + C
		移动	Ctrl + M
组件的部件表示法		删除	Del
线框	Shift + 1	拖放	D
阴影线框	Shift + 2	平移	P
渲染（黑色）	Shift + 3	中间按钮平移	Shift + M
渲染	Shift + 4	向右移动	→
渲染（深色）	Shift + 5	向左移动	←
		向下移动	↓
		向上移动	↑
常用快捷键		光标定心	Ins
在线帮助	F1	恢复原始尺寸	Home
打开	Ctrl + O	放大/缩小	PG UP/PG DN
保存	Ctrl + S		

恢复以前视图	End	3D/平面	Ctrl + P
使用鼠标旋转	Ctrl + R	巡视（透视视图）	Shift + F
使用键盘旋转	Ctrl + 箭头键,	选择全部	Ctrl + A
	Shift + 箭头键	选择构件	Alt + 对象
		隐藏对象	Shift + H
正文	0	快照	F9,F10,F11,F12
相对坐标输入	@，R	撤销上次多边形选取	Backspace
绝对坐标输入	S，A	结束多边形输入	空格键
下一位置	Tab	打开组件目录	Ctrl + F
上一位置	Shift + Tab	创建自动连接	Ctrl + J
快捷选取	S	状态管理	Ctrl + H
选择过滤器	Ctrl + G	碰撞校核	Shift + C
添加到选择区域	Shift	自动绘图	Ctrl + W
锁定选择区域	Ctrl	图纸列表	Ctrl + L
锁定 X、Y 或 Z 坐标	X、Y 或 Z	复制图纸	Ctrl + D
选择所有选择开关	F2	打印图纸	Shift + P
选择部件选择开关	F3	创建报告	Ctrl + B
捕捉到参考线/点	F4		
捕捉到几何线/点	F5	**图纸快捷键**	
捕捉到最近的点	F6	联合符号	Shift + A
捕捉到任意位置	F7	黑白图纸	B
高级选项	Ctrl + E	虚外框线	Shift + G
查询对象	Shift + 1	打开下一张图纸	Ctrl + PG DN
自由测量	F	打开上一张图纸	Ctrl + PG UP
		创建正交尺寸	G
建模快捷键			
新建模型	Ctrl + N	**用户坐标系统（UCS）快捷键**	
打开视图列表	Ctrl + 1	设置坐标系统原点	U
创建夹板平面	Shift + X	使用两点来设置坐标系统	Shift + U
悬停高亮显示	H	锁定方向	Ctrl + T
设置视图旋转点	V	重新设置当前项	Ctrl + 1
自动旋转	Shift + R,Shift + T	全部重新设置	Ctrl + 0
禁用视图旋转	F8		

4.9 常见问题解答

1. 怎样使视图可以定角度旋转？

答：只利用键盘便可解决该问题。按住"Ctrl"键，敲击上、下箭头，视图便可以15°为单位旋转。

2. 怎么快速做出几列平行点？

答：在"点的输入"对话框中，利用空格，空出您想要的几个间距，然后用鼠标按状态栏提示操作即可。如果间距一样，可以输入"间距数量×间距数值"（图4-295）。

图4-295　点的输入

3. 怎么样在模型中选择对象时只选柱，不选梁？

答：利用 Tekla Structures 中的"过滤"功能。过滤出您想选择的对象性质（图4-296）。

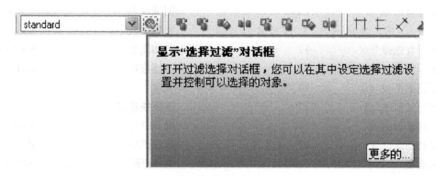

图4-296　选择过滤

4. 怎么样保证图纸中的编号是最新的？

答：对模型更新后，需要对模型进行编号，一般操作为"工具"→"编号"→"被修改的"，图纸中构件编号会自动更改。不过有时需要在图纸属性中操作"更新标记"命令，比如在布置图中。

5．怎么调节利用鼠标滚轮缩放模型的速度？

答：可以更改在"C：\ TeklaStructures \ 13.0 \ bat \ environment"文件夹下的.bat文件中变量"rem set XS_ ZOOM_ STEP_ RATIO_ IN_ MOUSEWHEEL_ MODE = 0.05"中0.05数值，并且删除'rem'激活，保存文件。再打开模型时便可生效。

6. 当 Tekla Structures 图纸导出到 CAD 中，字体不一样怎么解决？

答：可以用以下三种办法试试：

（1）在 Tekla Structures 中不选用汉字表示的字体，如宋体，而是选用字母表示的字体。

（2）改动在 C：\ TeklaStructures \ 13.0 \ environments \ country – independent \ fonts 文件夹下的文件"dxf_ fonts. cnv"。利用记事本打开该文件，修改如下图所示等号左右字体格式。等号左边为 Tekla Structures 中字体，等号右边为 CAD 中字体。

改为您要用的字体后，把文件"dxf_ fonts. cnv"放入 environments \ china 或其他国家环境（您模型建立时选择的环境）中即可（图4-297）。

```
// Examples: (remove the comment marks // to make the lines effective)
// Arial Narrow = ARIALN.TTF * 1.0
// ISOCPEUR = ISOCP.SHX * 1.0
// ISOCTEUR = ISOCT.SHX * 1.0
```

图 4-297　字体修改命令

（3）在与第（2）种方法相同的路径下还有"template_ fonts. cnv"文件，将其文件改为 . ttf 格式。并改为您要用的字体后，放入 C：\ windows \ fonts 文件夹下即可。

7. Tekla Structures 可以实现不同的螺栓在图纸中用不同的符号表示吗？

答：解决这个问题大致需要 6 步来完成：

用户可以创建自己的螺栓符号，然后在图纸中使用它们。

（1）在符号编辑器中创建螺栓符号。用名称"ud_ bolts. sym"保存符号文件到符号目录中（用变量 DXK_ SYMBOLPATH 定义，一般情况下目录是.. \ countries \ country - independent \ symbols \ )。

（2）使用文本编辑器，如记事本，生成一个文本文件。

（3）文本文件包括 3 列：第一列包括螺栓标准；第二列为螺栓直径；第三列为用@ 字符分隔的符号义件的名称和符号编号。Xsteel 将用户定义的螺栓符号代替图纸中的螺栓符号。请参见下面的例子：

7990　　　　　24　　　　　　ud_ bolts@ 1

7990　　　　　25　　　　　　ud_ bolts@ 2

...

（4）以文件名" bolt_ symbols_ table. txt" 保存文件。

（5）设置环境变量。

在批处理文件中设置 XS_ USER_ DEFINED_ BOLT_ SYMBOL_ TABLE = bolt_ symbols_ table. txt，您也可以写出定义文件的全路径，如果没有的话，批处理文件会在模型、工程、公司和系统目录下搜寻。

（6）通过从位于图纸螺栓属性的实体/符号列表中选择用户定义的符号，您可以使用自己的螺栓符号。

8. 图纸中剖切符号一般会比选择的剖切点往后，有办法解决吗？

答：在 C：\ TeklaStructures \ 13. 0 \ bat \ environment 文件夹下的. bat 文件中有"rem set XS_ EXPORT_ DGN_ INCLUDE_ CUTS = TRUE"，把该命令激活（删掉 rem）即可解决。

9. Tekla Structures 模型中的螺栓连接主次构件，怎么区分该螺栓表会在哪个构件图纸中出现？

答：螺栓表会在次构件中的图纸中出现。您可以通过"选中螺栓"右击选择"螺栓部件"命令，查询螺栓部件，次构件会呈现黄色，主构件会呈现红色。

10. 图纸中，有构件安装方向的符号，它可以换成别的符号吗？

答：Tekla Structures 默认的安装符号为："▼"，可以换别的符号。在 C：\ TeklaStructures \ 13. 0 \ bat \ environment 文件夹下的 . bat 文件中有。

11. 图纸编辑器背景颜色可以改变吗？

答：可以更改。

第1种办法：在"C：\ TeklaStructures \ 13.0 \ bat \ environment"文件夹下的 .bat 文件中变量"rem set XS_ BLACK_ DRAWING_ BACKGROUND = TRUE"删除'rem'激活，保存文件。图纸编辑器背景颜色改为黑色。

第2种办法：单击"工具"→"高级选项"弹出"高级选项"，对话框。找到"图形视图"选项，在值字段中输入"TRUE"，重新启动 Tekla Structures 即可生效。

12. 螺栓属性对话框中的"切割长度"是什么意思？

答：这个属性一般是在螺栓连接的板总厚度太厚时才用到的。

13. 怎样去除在多用户模式下创建的不必要的图纸文件（∗.dg）？

答：每一次当 Tekla Structures 创建和更新图纸时，就会创建一个新的'∗.dg'文件。它存在于模型文件夹下的"drawings"文件夹里面。

如果 Tekla Structures 模型是在单用户模型下运行，当保存后关闭模型时，没有用的'∗.dg'文件会被删除。但如果是多用户模式下运行，当保存后关闭时就不会删除多余的'∗.dg'文件，这样没多久就会有大量的多余'∗.dg'文件存在于"drawings"文件夹里。

解决办法是：在单用户模式下打开您的多用户模型，再执行保存命令后关闭模型，多余的'∗.dg'文件就可被删除。

14. 有没有简便方法快速输入图纸编号？

答：软件中没有图纸编号这个概念，系统无法自动排列出 xxx - 1，xxx - 2，xxx - 3，xxx - 4……在软件中图纸名称是唯一的，而且可以生成图纸清单，把得到的图纸清单用 Excel 进行编辑就可以得到图纸编号。当然，如果要在每张图纸中都要求有图纸编号只能是手动去填。

15. 复制的图纸视图与链接的图纸视图有什么区别？

答：复制的图纸视图与模型没有链接关系，模型变更其不会自动更新；而链接的图纸视图与模型是链接的，模型更新它会自动更新。

16. 怎么合并不同模型的用户节点？

答：在每一个模型的模型文件夹下都有用户节点文件（xslib. db1），我们如果合并节点的话，只需将其变为一个文件就会实现。选择"编辑"→"复制"→"从模型"并选择模型中不存在的状态号进行复制，这样只能把用户节点复制到当前文件夹，合并成一个统一的 xslib. db1 文件。

17. 有时在执行编号操作过程中，Tekla Structures 会有出错警告："编号大于被找到的最大值"，该如何操作？

答：这个信息的出现是因为编号信息错误造成的。有可能因为不小心删除了在模型文件夹下的"∗.db2"文件，它储存着编号的信息。

该警告的出现说明 Tekla Structures 检测到一个编号错误，比如同一前缀的配件编号中流水号的最大值超过了该模型中拥有该同一前缀的配件的总数。

假设您的模型中有 20 个以 PL 为前缀、开始编号从 1 开始的装配件。这些配件本应该标记为 PL-1 到 PL-20，但 Tekla Structures 却将它们标记为 PL-1 到 PL-19，另外一件装配件的编号被标记为了 PL-22。那么在现在的编号系列中出现了间隙，导致了出错警告的提示。

重新执行一下全部编号命令，Tekla Structures 会自动纠正该错误。

18. 有时在执行编号操作过程中，Tekla Structures 会有出错警告："编号系列重叠"，该如何操作？

答：首先提示您，不同类的装配件最好采用不同的前缀。

出现"编号序列重叠"是因为不同类的装配件，用了统一的前缀，而开始编号的数值间隔又不能使 Tekla Structures 足以区别出所有的装配件，致使部分装配件的流水号重叠。

例如：您模型中有编号系列为 P/1（前缀 P，开始编号 1）的不同部件 3 件；有编号系列为 P/2（前缀 P，开始编号 2）的不同部件 2 件。那么可以看出您编号系列为 P/1 的部件没有足够的空余编号区别所有的部件。

当您执行编号命令时，Tekla Structures 就会如下分配编号：编号系列 P/1 的三个部件编号为：P-1、P-2、P-3；编号系列 P/21 的两个部件编号为：P-1、P-2。您看是不是出现了 2 个以 "P-2" 为编号的部件呢？

您可以采用不同的前缀区分，也可以根据装配件数量的实际情况改变开始编号的间隔。

19. 管子切割线展开如何操作？

答：生成零件图纸后，在零件图纸里的属性里读取 "wrap_ tp" 确认即可。

20. 如何修改节点组件的节点板颜色？

答：选中节点组件，打开其属性对话框。查看其"通用性"页面，里面有"分类"一项。改变其数字，便可以改变节点组件中的节点板颜色。参见图 4-298。

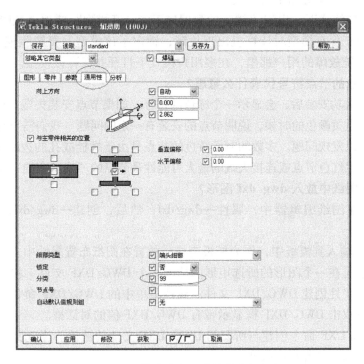

图 4-298　修改节点组件的节点板颜色

21. 如果在客户计算机没有保存模型前，关闭了主模型，怎样操作避免丢失信息？

答：如果发生了该情况请执行如下操作：

（1）保持客户计算机上的计划模型打开状态；

（2）重新启动主模型，单击"自动保存"图标保存该模型；

（3）在客户计算机上单击"保存"，将计划模型保存到主模型。

22. 在多用户模式下，出现"发现数据库写入冲突"的错误消息该如何处理？

答：这是由于多个用户在同时使用同一个多用户模型时，同时更改了同一个对象。需要查看 conflict. log 文件，其中列出了多个用户更改的对象的 ID 编号。

23. 在多用户模式下，出现"不能保存模型，磁盘已满或被写保护"错误消息时，怎么处理？

答：这是由于视图将多用户模型保存到无法访问的计算机或文件夹中。可以检查要保存模型的计算机是否已经打开，检查是否具有模型文件夹的写入权限，检查磁盘空间是否足够保存模型，重新启动要保存模型的计算机，尝试再次保存模型。

24. 在多用户模式下，出现"Tekla Structures 不能访问在批文件中定义的服务器"错误消息时，如何操作？

答：该错误信息的出现是因为没有正确设置命令行 XS_ SERVER = tcpip：NAME，1238（参看前面章节如何设置多用户）；或多用户模型已被移动，而原来的模型服务器还在运行。

您需要改正批文件中相应的命令行（检查 NAME 的大小写和拼写是否正确）。

提示：其实，当 Tekla Structures 无法访问在批文件中定义的服务器时，它将自动到最后一次访问该模型的服务器上去查找。

25. 在多用户模式下，出现"锁定的数据库不能打开模型"错误消息时，如何操作？

答：这是由于保存模型时计算机出现故障，锁定了该模型。要解除模型的锁定状态，您需要在出现系统故障的用户那里，在多用户模式下打开并保存该模型。

26. 不同颜色的节点符号代表什么意思？

答：当节点成功安装后，会显示一个绿色的符号。如果节点安装失败，会显示一个红色的符号。当符号是黄颜色的时候，说明节点的安装有一定的问题。我们需要仔细检查一个黄色符号的节点，以发现问题。多数的时候黄色的节点是由于螺栓或孔的边距比节点预设的默认值要小。而产生红色节点或连接失败的最大可能性是节点的"向上方向"不恰当。

27. 如何在图纸中放入 dwg/dxf 图形？

答：（1）在图纸编辑器中，属性—dwg/dxf；然后，创建—dwg/dxf；在图纸中选择位置。

（2）将图形输入到模板中，作为模板表格，放置在图纸布置属性中。

用此命令您可在一个图形的所选矩形内插入一个 DWG/DXF 文件。根据 DWG/DXF 属性对话框的当前属性创建 DWG/DXF 文件。属性菜单中的 DWG/DXF 命令对话框可在屏幕上打开。您可以双击 DWG/DXF 框显示带有 DWG/DXF 值的对话框。

注意，DWG/DXF 命令创建与所要的 DWG/DXF 文件的链接。当此文件修改时，所有图形中与它相连的文件都相应改变。

在图形中插入一个 DWG/DXF 文件：

（1）从属性菜单中选取 DWG/DXF... 来打开 DWG/DXF 属性对话框。

（2）按下对话框中的浏览按钮，浏览所需要的 DWG/DXF 文件。然后按下浏览对话框中的"好"的按钮。

（3）选中 DWG/DXF 属性对话框中的属性（如按比例2）：

　　　　缩放比例→类型：XY

　　　　缩放比例→X 向比例：2

　　　　缩放比例→Y 向比例：2

（4）按下"好"的按钮。

（5）从创建菜单中选取 DWG/DXF。

（6）选取矩形的第一个角点。

28.　如何在一个国家环境中同时获得多个国家的型钢截面？

答：一个模型里可能用到不同国家的型材，这时您就可以把不同环境的材料库合并到一起。例如，将日本截面库合并到中国截面库：

（1）用 Xsteel 日本版本打开一个现有的模型或新建一个模型；

（2）打开截面目录："文件"→"目录"→"截面型材"→"修改"；

（3）在对话框的下方按下"输出"按钮；

（4）给要输出的截面目录加一个名字，这样就在模型目录下创建了一个后缀名为 .lis 的文件；

（5）用 Xsteel 中国版本打开模型；

（6）打开截面目录："文件"→"目录"→"截面型材"→"修改"；

（7）在对话框的下方按下"输入"按钮；

（8）浏览输出文件；

（9）按下"确定"按钮。

按下"确定"按钮关闭界面目录后，Tekla Structures 将问您是否保存这些改变到模型文件夹，按下"确定"，一个新的 profdb. bin 将在您的模型文件夹下被创建。

附录

附录 A　角焊缝及螺栓连接的承载力（设计值）

每 1cm 长直角角焊缝的承载力（设计值）　　　　表 A-1

角焊缝的焊角尺寸 h (mm)	受压、受拉、受剪的承载力设计值 N_f^w (kN/cm)		
	采用自动焊、半自动焊和 E43xx 型焊条的手工焊接 Q235 钢构件	采用自动焊、半自动焊和 E50xx 型焊条的手工焊接 Q345 钢构件	采用自动、半自动焊和 E55xx 型焊条的手工焊接 Q390 钢构件
3	3.36	4.20	4.62
4	4.48	5.6	6.16
5	5.60	7.00	7.70
6	6.72	8.40	9.24
8	8.96	11.20	12.32
10	11.20	14.00	15.4
12	13.44	16.80	18.48
14	15.68	19.60	21.56
16	17.92	22.40	24.64
18	20.16	25.20	27.72
20	22.40	28.00	30.08
22	24.64	30.80	33.88
24	26.88	33.60	36.96
26	29.12	36.40	40.04
28	31.36	39.20	43.12

注：1. 当对接焊缝无法采用引弧板施焊时，每条焊缝的长度计算时应减去 10mm。

2. 全焊缝对接焊缝，焊缝沿板厚为熔透焊（焊缝质量为一二级）可与母材等强，一般不再验算焊缝强度，施焊时应加引弧板，对稍厚（$t > 8$mm）在焊口处应作剖口加工。

螺栓直径 d (mm)	螺栓毛截面面积 A (cm²)	螺栓有效截面面积 A_e (cm²)	所连接构件钢材的钢号	受拉承载力设计值 N_{tb} (kN)	承压板的承载力设计值 N_{cb} (kN) 承压板的厚度 t (mm)										抗剪承载力设计值 N_{vb} (kN)	
					5	6	7	8	10	12	14	16	18	20	单剪	双剪
12	1.131	0.842	Q235	14.3	18.3	22.0	25.6	29.3	36.6	43.9	51.2	58.6	65.9	73.2	14.7	29.4
			Q345		25.2	30.2	35.3	40.3	50.4	60.5	70.6	80.6	86.4	96.0		
			Q390		26.1	31.3	36.5	41.8	52.2	62.6	73.1	83.5	90.7	100.8		
14	1.539	1.154	Q235	19.6	21.4	25.6	29.9	34.2	42.7	51.2	59.8	68.3	76.9	85.4	20.0	40.0
			Q345		29.4	35.5	41.2	47.0	58.8	70.6	82.3	94.1	100.8	112.0		
			Q390		30.5	36.5	42.6	48.7	60.9	73.1	85.3	97.4	105.8	117.6		
16	2.011	1.567	Q235	26.6	24.4	29.3	34.2	39.0	48.8	58.6	68.3	78.1	87.8	97.6	26.1	52.3
			Q345		33.6	40.3	47.0	53.8	67.2	80.6	94.1	107.5	115.2	128.0		
			Q390		34.8	41.8	48.7	55.7	69.6	83.5	97.4	111.4	121.0	134.4		
18	2.545	1.925	Q235	32.7	27.5	32.9	38.4	43.9	54.9	65.9	76.9	87.8	98.8	109.8	33.1	66.2
			Q345		37.8	45.4	52.9	60.5	75.6	90.7	105.8	121.0	129.6	144.0		
			Q390		39.2	47.0	54.8	62.6	78.3	94.0	109.6	125.3	136.1	151.2		
20	3.142	2.448	Q235	41.6	30.5	36.6	42.7	48.8	61.0	73.2	85.4	97.6	109.8	122.0	40.8	81.7
			Q345		42.0	50.4	58.8	67.2	84.0	100.8	117.6	134.3	144.0	160.0		
			Q390		43.5	52.2	60.9	69.6	87.0	104.4	121.6	139.2	151.2	168.2		
22	3.801	3.034	Q235	51.6	33.6	40.3	47.0	53.7	67.1	80.5	93.9	107.4	120.8	134.2	49.4	98.8
			Q345		46.2	55.4	64.7	73.9	92.4	110.9	129.4	147.8	158.4	176.0		
			Q390		47.9	57.4	67.0	76.6	95.7	114.8	134.0	153.1	166.3	184.8		
24	4.524	3.525	Q235	59.9	36.6	43.9	51.2	58.6	73.2	87.8	102.5	117.1	131.8	146.4	58.8	117.6
			Q345		50.4	60.5	70.6	80.6	100.8	121.0	141.1	161.3	172.8	192.0		
			Q390		52.2	62.4	73.1	83.5	104.4	125.3	146.2	167.0	181.4	201.6		

摩擦型连接中一个高强度螺栓的承载力（设计值）　　表A-3

螺栓的性能等级	构件钢材的钢号	构件在连接处接触面的处理方法	抗剪的承载力设计值 N_v^b（kN）											
			单　剪						双　剪					
			螺栓直径 d（mm）											
			16	20	22	24	27	30	16	20	22	24	27	30
8.8 级	Q 235 钢	喷砂（丸）	28.4	44.6	54.7	62.8	83.0	101.3	56.7	89.1	109.4	125.6	166.0	202.5
		喷砂（丸）后涂无机富锌漆	22.1	34.7	42.5	48.8	64.6	78.8	44.1	69.3	85.1	97.7	129.2	157.5
		喷砂（丸）后生赤锈	28.4	44.6	54.7	62.8	83.0	101.3	56.7	89.1	109.4	125.6	166.0	202.5
		钢丝刷清除浮锈或未经处理的干净轧制表面	18.9	29.7	36.5	41.9	55.4	67.5	37.8	59.4	72.9	85.7	110.7	135.0
	Q 345 钢、390 钢	喷砂（丸）	31.5	49.5	60.7	69.7	92.2	112.5	63.0	99.0	121.5	139.5	184.5	225.0
		喷砂（丸）后涂无机富锌漆	25.2	39.6	48.6	55.8	73.8	90.0	50.4	79.2	97.2	111.6	147.6	180.0
		喷砂（丸）后生赤锈	31.5	49.5	60.7	69.7	92.2	112.5	63.0	99.0	121.5	139.5	184.5	225.0
		钢丝刷清除浮锈或未经处理的干净轧制表面	22.1	34.7	42.5	48.8	64.6	78.8	77.4	85.1	85.1	97.7	129.2	157.5
10.9 级	Q 235 钢	喷砂（丸）	40.5	62.8	77.0	91.1	117.5	143.8	81.0	125.6	153.9	182.2	234.9	287.6
		喷砂（丸）后涂无机富锌漆	31.5	48.8	59.9	70.9	91.4	111.8	63.0	97.7	119.7	141.8	182.7	223.7
		喷砂（丸）后生赤锈	40.5	62.8	77.0	91.1	117.5	143.8	81.0	125.6	153.9	182.2	234.9	287.6
		钢丝刷清除浮锈或未经处理的干净轧制表面	27.0	41.9	51.3	60.8	78.3	95.9	54.0	83.7	102.6	121.5	156.6	191.7
	Q 345 钢、390 钢	喷砂（丸）	45.0	69.7	85.5	101.2	130.5	159.7	90.0	139.5	171.0	202.5	261.0	319.5
		喷砂（丸）后涂无机富锌漆	36.0	55.8	68.4	81.0	104.4	127.8	12.0	111.6	136.8	162.0	208.8	255.6
		喷砂（丸）后生赤锈	45.0	69.7	85.5	101.2	130.5	159.7	90.0	139.5	171.0	202.5	261.0	319.5
		钢丝刷清除浮锈或未经处理的干净轧制表面	31.5	48.8	59.9	70.9	91.4	111.8	63.0	97.7	119.7	141.8	182.7	223.7

注：1. 表中高强度螺栓受剪的承载力设计值按下式算得：

$$N_v^b = 0.9 n_f \mu P$$

　　式中　n_f——传力的摩擦面数目；

　　　　　μ——摩擦面的抗滑移系数；

　　　　　P——一个高强度螺栓的预拉力。

2. 单角钢单面连接的高强度螺栓，其承载力设计值应按表中的数值乘以 0.85。

螺栓球网架高强度螺栓在螺纹处的有效截面面积 A_{eff} 及受拉承载力设计值　　表 A-4

性能等级	10.9S										
螺栓规格 d	M12	M14	M16	M18	M20	M22	M24	M27	M30	M33	M36
螺距 P（mm）	1.75	2	2	2.5	2.5	2.5	3	3	3.5	3.5	4
A_{eff}（mm²）	82.3	115	157	192	245	303	353	459	561	694	817
N_t^b（kN）	36.2	49.5	67.5	82.7	105	130.5	151.5	197.5	241.0	298.0	351.0

性能等级	9.8S							
螺栓规格 d	M39	M42	M45	M48	M52	M56×4	M60×4	M64×4
螺距 P（mm）	4	4.5	4.5	5	5	4	4	4
A_{eff}（mm²）	967	1121	1306	1473	1758	2144	2485	2551
N_t^b（kN）	375.6	431.5	502.8	567.1	676.7	825.4	956.6	1097.6

注：1. 表中 $N_t^b = A_{eff} f_t^b$。

2. 螺栓在螺纹处的有效截面面积 $A_{eff} = \pi (d - 0.932\rho)^2 / 4$。

3. f_t^b——高强度螺栓经热处理后的受拉强度设计值，对 10.9S 取 430N/mm²；对 9.8S，取 385N/mm²。

高强度螺栓孔应采用钻孔，孔径应按表 A-5 采用，每个高强度螺栓的预拉力见表 A-6，高强度螺栓附加长度见表 A-7。

高强度螺栓孔径选配表　　表 A-5

螺栓公称直径（mm）	12	16	20	22	24	27	30
螺栓孔径（mm）	13.5	17.5	22	24	26	30	33

每个高强度螺栓的预拉力 P（kN）　　表 A-6

螺栓性能等级	螺栓公称直径（mm）						
	12	16	20	22	24	27	30
8.8S	45	70	110	135	155	205	250
10.9S	55	100	155	190	225	290	355

高强度螺栓附加长度表　　表 A-7

螺栓直径（mm）	12	16	20	22	24	27	30
大六角高强度螺栓（mm）	25	30	35	40	45	50	55
扭剪型高强度螺栓（mm）		25	30	35	40		

附录 B 钢板、槽钢、工字钢、角钢的螺栓连接形式

钢板、槽钢、工字钢、角钢的螺栓连接形式　　　　表 B-1

材料种类	连接形式		说　明
钢板	平接连接		用双面拼接板，力的传递不产生偏心作用
			用单面拼接板，力的传递具有偏心作用，受力后连接部发生弯曲
			板件厚度不同的拼接，须设置垫板并将垫板伸出拼接板以外；用焊件或螺栓固定
	搭接连接		传力偏心，只有在受力不大时采用
	T 形连接		
槽钢			应符合等强度原则，拼接板的总面积不能小于被拼接的杆件截面积，且各肢面积分布与材料面积大致相等
工字钢			同槽钢
角钢	角钢与钢板		适用于角钢与钢板连接受力较大的部位
			适用于一般受力的接长或连接
	角钢与角钢		适用于小角钢等截面连接
			适用于大角钢等截面连接

附录 C 钢结构制造操作的空间要求

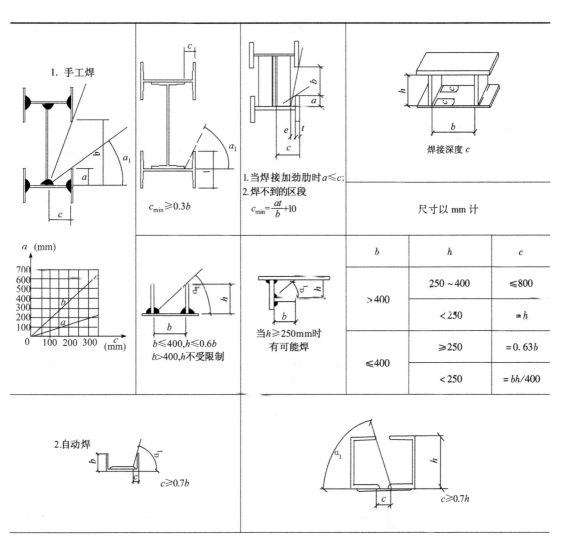

b	h	c
	$250 \sim 400$	$\leqslant 800$
> 400	< 250	$= h$
	$\geqslant 250$	$= 0.63b$
$\leqslant 400$	< 250	$= bh/400$

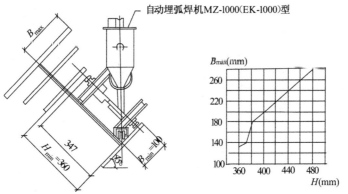

自动埋弧焊机 MZ-1000(EK-1000)型

附录 D 型钢连接螺栓最大孔径和间距

角钢连接螺栓最大孔径及间距   表 D-1

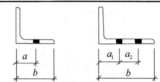

单行（mm）			双行交错排列（mm）				双行并列（mm）			
肢宽 b	线规 a	最大孔径直径	肢宽	线规 a_1	线规 a_2	最大孔径直径	肢宽	线规 a_1	线规 a_2	最大孔径直径
45	25	13	125	55	35	23.5	140	55	60	20.5
50	30	15	140	60	45	26.5	160	60	70	23.5
56	30	15	160	60	65	26.5	180	65	75	26.5
63	35	17					200	80	80	26.5
70	40	21.5								
75	45	21.5								
80	45	21.5								
90	50	23.5								
100	55	23.5								
110	60	26.5								
125	70	26.5								

槽钢连接螺栓最大孔径及间距   表 D-2

型 号	翼缘（mm）			腹板（mm）	
	a	t	最大开孔孔径	c	最大开孔孔径
5	20	7	11	25	7
6.3	25	7.5	11	31.5	11
8	25	8	13	40	15
10	30	8.5	15	35	11
12.6	30	9	17	40	15
14a, 14b	35	9.5	17	45	17
16a, 16b	35	10	19.5	50	17
18a, 18b	40	10.5	21.5	55	21.5
20a	45	11	21.5	60	23.5
22a	45	11.5	23.5	65	25.5
25a, 25b, 25c	45	12	23.5	65	25.5
		12	25.5		
28a, 28b, 28c	50	12.5	25.5	67	25.5
32a, 32b, 32c	50	14	25.5	70	25.5
36a, 36b, 36c	60	16	25.5	74	25.5
40a, 40b, 40c	60	18	25.5	78	25.5

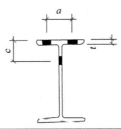

型号	翼缘			腹板（mm）		型号	翼缘（mm）			腹板（mm）	
	a	t	最大开孔孔径	c	最大开孔孔径		a	t	最大开孔孔径	c	最大开孔孔径
10	—	8	—	30	11	36c	80	16	23.5	70	25.5
12.6	42	9	11	40	13	40a	82				
14	46	9	13	44	17	40b	84	16	23.5	72	25.5
16	48	10	15	48	19.5	40c	86				
18	52	10.5	15	52	21.5	45a	86				
20a、20b	58	11	17	60	25.5	45b	88	17.5	25.5	74	25.5
22a、22b	60	12.5	19.5	62	25.5	45c	90				
25a、25b	64	13	21.5	64	25.5	50a	82				
25c	66	13	21.5	64	25.5	50b	94	20	25.5	78	25.5
28a、28b	70	14	21.5	66	25.5	50c	96				
28c	72	14	21.5	66	25.5	56a	98				
32a	74					56b	100	20.5	25.5	80	25.5
32b	76	15	21.5	68	22.5	56c	102				
32c	78					63a	104				
36a	76	16	23.5	70	25.5	63b	106	21	25.5	90	25.5
36b	78					63c	108				

H 型钢螺栓拼接接头示意　　表 D-4

拼接内容	实腹梁或柱拼接接头（1）	实腹梁或柱拼接接头（2）
拼接螺栓	M20 孔 ϕ22；M22 孔 ϕ24	M24 孔 ϕ26
（a）腹板拼接	45　5　45 a×65 n×80 a×65 n×80　95　n×80	50　5　50 a×70 n×90 a×70 n×90　105　n×90

拼接内容	实腹梁或柱拼接接头（1）	实腹梁或柱拼接接头（2）
拼接螺栓	M20 孔 ϕ22；M22 孔 ϕ24	M24 孔 ϕ26
（b）翼缘板拼接（并列）		
（c）翼缘板拼接（错列）		

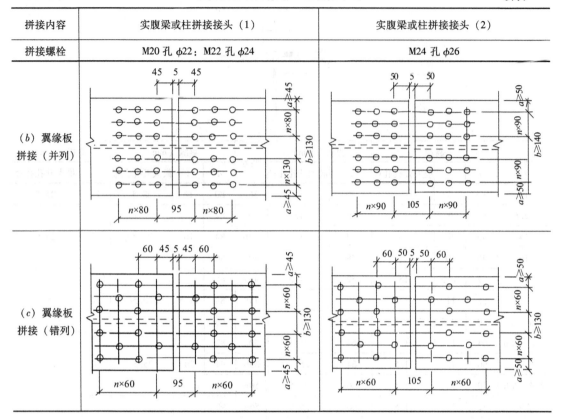

附录 E 焊缝符号表示

（摘自 GB/T324-2008）

E.1 符号

E.1.1 基本符号

基本符号表示焊缝横截面的基本形式或特征，具体参见表 E-1，应用参见 E.4。

基本符号   表 E-1

序号	名称	示意图	符号
1	卷边焊缝（卷边完全熔化）		⋀
2	I 形焊缝		‖
3	V 形焊缝		⋁

序 号	名 称	示 意 图	符 号
4	单边 V 形焊缝		V
5	带钝边 V 形焊缝		Y
6	带钝边单边 V 形焊缝		Y
7	带纯边 U 形焊缝		Y
8	带钝边 J 形焊缝		Y
9	封底焊缝		▽
10	角焊缝		◺
11	塞焊缝或槽焊缝		⊓
12	点焊缝		○
13	缝焊缝		⊖
14	陡边 V 形焊缝		V
15	陡边单 V 形焊缝		V
16	端焊缝		‖‖
17	堆焊缝		⌒⌒

序　号	名　　称	示　意　图	符　号
18	平面连接（钎焊）		二
19	斜面连接（钎焊）		∥
20	折叠连续（钎焊）		⊇

E.1.2　基本符号的组合

标注双面焊焊缝或接头时，基本符号可以组合使用，如表 E-2 所示。

基本符号的组合　　　　　　　　　　　　　　　　　　**表 E-2**

符号	名　　称	示　意　图	符　　号
1	双面 V 形焊缝（X 焊缝）		X
2	双面单 V 形焊缝（K 焊缝）		K
3	带钝边的双面 V 形焊缝		⅄
4	带钝边的双面单 V 形焊缝		K
5	双面 U 形焊缝		⅄

E.1.3　补充符号

补充符号用来补充说明有关焊缝或接头的某些特征（诸如表面形状、衬垫、焊缝分布、施焊地点等）。补充符号参见表 E-3。

补　充　符　号　　　　　　　　　　　　　　　　　　**表 E-3**

序　号	名　　称	符　　号	说　　明
1	平面	———	焊缝表面通常经过加工后平整
2	凹面	⌣	焊缝表面凹陷
3	凸面	⌢	焊缝表面凸起
4	圆滑过渡		焊趾处过渡圆滑

222

序　号	名　　称	符　号	说　　明
5	永久衬垫	M	衬垫永久保留
6	临时衬垫	MR	衬垫在焊接完成后拆除
7	三面焊缝	⊐	三面带有焊缝
8	周围焊缝	○	沿着工件周边施焊的焊缝 标注位置为基准线与箭头线的交点处
9	现场焊缝	◤	在现场焊接的焊缝
10	尾部	＜	可以表示所需的信息

E.2　基本符号和指引线的位置规定

E.2.1　基本要求

在焊缝符号中，基本符号和指引线为基本要素。焊缝的准确位置通常由基本符号和指引线之间的相对位置决定，具体位置包括：

——箭头线的位置；

——基准线的位置；

——基本符号的位置。

E.2.2　指引线

指引线由箭头线和基准线（实线和虚线）组成，见图 E-1。

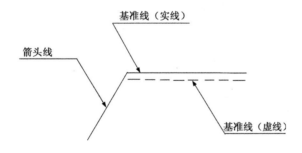

图 E-1　指引线

（1）箭头线

箭头直接指向的接头侧为"接头的箭头侧"，与之相对的则为"接头的非箭头侧"，参见图 E-2。

（2）基准线

基准线一般应与图纸的底边平行，必要时也可与底边垂直。

实线与虚线的位置可根据需要互换。

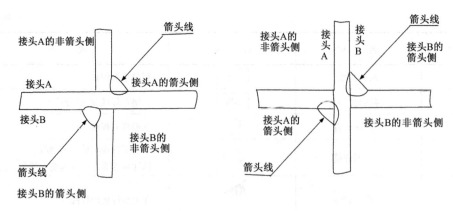

图 E-2 接头的"箭头侧"及"非箭头侧"示例

E.2.3 基本符号与基准线的相对位置

——基本符号在实线侧时，表示焊缝在箭头侧，参见图 E-3（a）；

——基本符号在虚线侧时，表示焊缝在非箭头侧，参见图 E-3（b）；

——对称焊缝允许省略虚线，参见图 E-3（c）；

——在明确焊缝分布位置的情况下，有些双面焊缝也可省略虚线，参见图 E-3（d）。

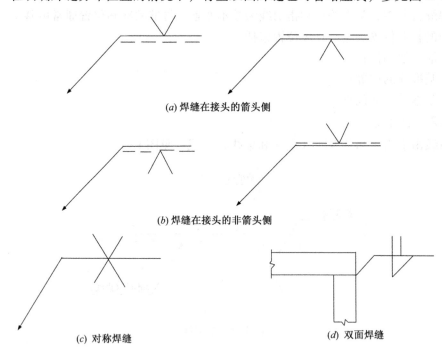

(a) 焊缝在接头的箭头侧

(b) 焊缝在接头的非箭头侧

(c) 对称焊缝

(d) 双面焊缝

图 E-3 基本符号与基准线的相对位置

E.3 尺寸及标注

E.3.1 一般要求

必要时，可以在焊缝符号中标注尺寸。尺寸符号参见表 E-4。

尺 寸 符 号 表 E-4

符号	名 称	示意图	符号	名 称	示意图
δ	工件厚度		c	焊缝宽度	
a	坡口角度		K	焊脚尺寸	
β	坡口面角度		d	点焊：熔核直径 塞焊：孔径	
b	根部间隙		n	焊缝段数	
p	钝边		l	焊缝长度	
R	根部半径		e	焊缝间距	
H	坡口深度		N	相同焊缝数量	
S	焊缝有效厚度		h	余高	

E.3.2 标注规则

尺寸的标注方法参见图 E-4。

图 E-4 尺寸标注方法

——横向尺寸标注在基本符号的左侧；
——纵向尺寸标注在基本符号的右侧；
——坡口角度、坡口面角度、根部间隙标注在基本符号的上侧或下侧；

——相同焊缝数量标注在尾部；

——当尺寸较多不易分辨时，可在尺寸数据前标注相应的尺寸符号。

当箭头线方向改变时，上述规则不变。

E.3.3 关于尺寸的其他规定

确定焊缝位置的尺寸不在焊缝符号中标注，应将其标注在图纸上。

在基本符号的右侧无任何尺寸标注又无其他说明时，意味着焊缝在工件的整个长度方向上是连续的。

在基本符号的左侧无任何尺寸标注又无其他说明时，意味着对接焊缝应完全焊透。

塞焊缝、槽焊缝带有斜边时，应标注其底部的尺寸。

E.4 焊缝符号的应用示例

E.4.1 基本符号的应用

表 E-5 给出了基本符号的应用示例。

基本符号的应用示例　　　　　　　　　　　　　　　　　　表 E-5

序　号	符　号	示意图	标注示例	备　注
1		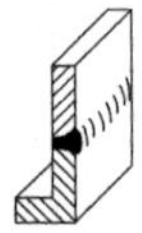	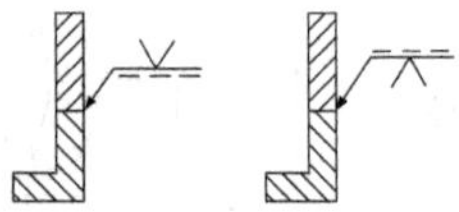	
2		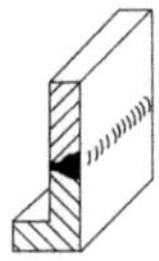	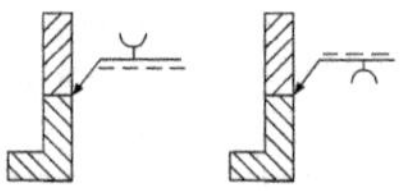	
3		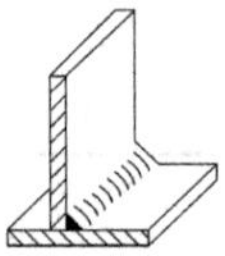	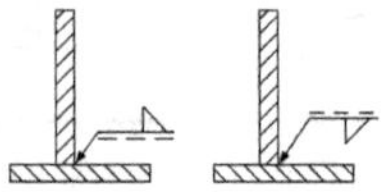	
4		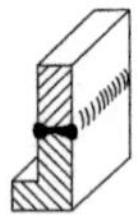	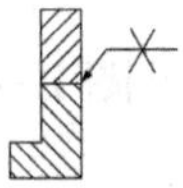	
5		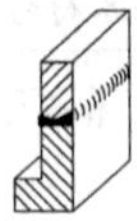	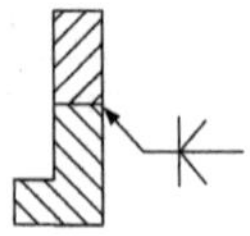	

E.4.2 补充符号应用示例

（1）表 E-6 和表 E-7 给出了补充符号的应用及标注示例。

（2）其他补充说明

1）周围焊缝

当焊缝围绕工件周边时，可采用圆形的符号，如图 E-5 所示。

序　号	名　称	示　意　图	符　号
1	平齐的 V 形焊缝		
2	凸起的双面 V 形焊缝		
3	凹陷的角焊缝		
4	平齐的 V 形焊缝和封底焊缝		
5	表面过渡平滑的角焊缝		

补充符号的标注示例　　　　　　　　表 E-7

序　号	符　号	示　意　图	标注示例	备　注
1				
2				
3				

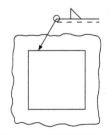

图 E-5　周围焊缝的标注

2）现场焊缝

用一个小旗表示野外或现场焊缝，如图 E-6 所示。

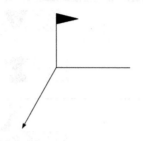

图 E-6　现场焊缝的表示

3）焊接方法的标注

必要时，可以在尾部标注焊接方法代号，见图 E-7。

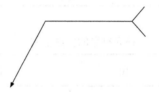

图 E-7　焊接方法的尾部标注

4）尾部标注内容的次序

尾部需要标注的内容较多时，可参照如下次序排列：

——相同焊缝数量；

——焊接方法代号（按照 GB/T 5185 规定）；

——缺欠质量等级（按照 GB/T 19418 规定）；

——焊接位置（按照 GB/T 16672 规定）；

——焊接材料（如按照相关焊接材料标准）；

——其他。

每个款项应用斜线"/"分开。

为了简化图纸，也可以将上述有关内容包含在某个文件中，采用封闭尾部给出该文件的编号（如 WPS 编号或表格编号等），参见图 E-8。

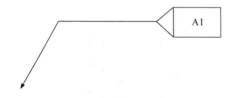

图 E-8　封闭尾部示例

E.4.3 尺寸标注示例

表 E-8 给出了尺寸标注的示例。

尺寸标注的示例

表 E-8

序号	名称	示 意 图	尺寸符号	标注方法
1	对接焊缝		S：焊缝有效厚度	
2	连续角焊缝		K：焊脚尺寸	
3	断续角焊缝		l：焊缝长度； e：间距； n：焊缝段数； K：焊脚尺寸	
4	交错断续角焊缝		l：焊缝长度； e：间距； n：焊缝段数； K：焊脚尺寸	
5	塞焊缝或槽焊缝		l：焊缝长度； e：间距； n：焊缝段数； c：槽宽	
5	塞焊缝或槽焊缝		e：间距； n：焊缝段数； d：孔径	
6	点焊缝		n：焊点数量； e：焊点间距； d：熔核直径	
7	缝焊缝		l：焊缝长度； e：间距； n：焊缝段数； c：焊缝宽度	

229

参 考 文 献

[1] 国家标准. 建筑制图标准 GB/T 50104-2001. 北京；中国建筑工业出版社，2001.

[2] 国家标准. 建筑结构制图标准 GB/T 50105-2001. 北京：中国建筑工业出版社，2001.

[3] 中国建筑标准设计院. 钢结构设计制图深度和表示方法 03G102S. 北京：中国计划出版社，2003.

[4] 中国钢结构协会. 建筑钢结构施工手册. 北京：中国计划出版社，2004.

[5] 张建勋. 现代焊接生产与管理 [M]. 北京：机械工业出版社，2005.

[6] 李朝晖. 怎样进行钢结构工程施工. 北京：中国电力出版社，2009.

[7] 中国钢结构协会. 建筑钢结构施工手册. 北京：中国计划出版社，2002.

[8] 吴欣之. 现代建筑钢结构. 北京：中国电力出版社，2009.

[9] 李星荣，魏才昂，丁峙崐，李和华. 钢结构连接节点设计手册. 北京：中国建筑工业出版社，2005.

[10] 《钢结构设计手册》编辑委员会. 钢结构设计手册（第三版）[Z]. 北京：中国建筑工业出版社，2004.

[11] 纪贵. 世界工程结构钢手册. 北京：中国标准出版社，2006.

[12] 国家标准. 钢结构工程施工质量验收规范 GB/T 50205-2001. 北京：中国计划出版社，2001.

[13] 国家标准. 钢结构设计规范 GB/T 50017-2003. 北京：中国建筑工业出版社，2003.

[14] 国家标准. 高层民用建筑钢结构技术规程 JGJ99-98. 北京：中国建筑工业出版社，1998.

[15] 国家标准. 建筑钢结构焊接技术规程 JGJ81-2002. 北京：中国建筑工业出版社，2002.

[16] Tekla 公司. Tekla Structures 在线帮助.